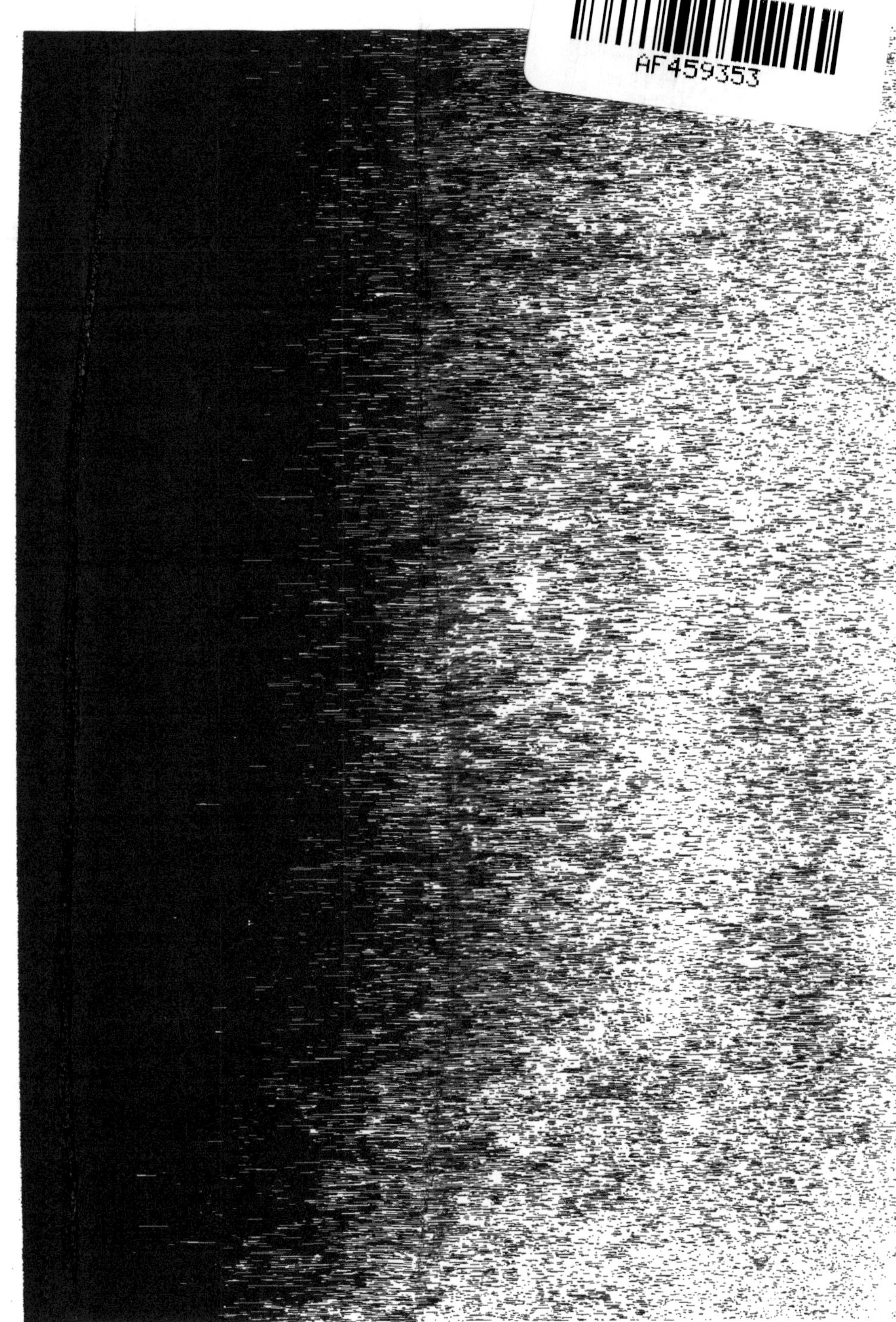

BIBLIOTHÈQUE

DE L'ÉCOLE DES HAUTES ÉTUDES

SECTION DES SCIENCES NATURELLES

TOME XXX

ARTICLE N° 2

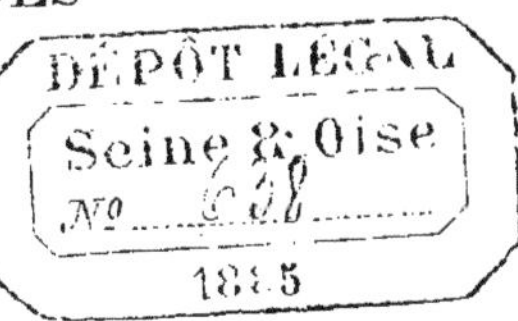


# CONSIDÉRATIONS RELATIVES

A LA

# FAUNE DES CRUSTACÉS

# DE LA NOUVELLE-ZÉLANDE

PAR

**H. FILHOL**

SOUS-DIRECTEUR DU LABORATOIRE DE ZOOLOGIE ANATOMIQUE DE L'ÉCOLE PRATIQUE DES HAUTES ÉTUDES

PARIS

G. MASSON, ÉDITEUR

LIBRAIRE DE L'ACADÉMIE DE MÉDECINE

120, Boulevard Saint-Germain, en face de l'École de médecine

1885

CONSIDÉRATIONS RELATIVES

A LA

# FAUNE DES CRUSTACÉS DE LA NOUVELLE-ZÉLANDE

**Par M. H. FILHOL**

---

Ayant eu l'occasion de séjourner durant quelque temps en Nouvelle-Zélande, j'ai recueilli, sur divers points de cette région, des crustacés marins vivant soit sur les côtes, soit par des fonds de vingt-cinq à trente brasses. Mes recherches ont été accomplies d'une manière plus spéciale sur la côte est de l'île Stewart, aux environs de Dunedin, sur la côte est de l'île du Milieu, enfin dans le détroit de Cook. Les collections que j'ai formées en ces divers points ont peu à peu acquis une certaine importance, et il m'a paru, lorsque j'en ai entrepris l'étude, qu'elles renfermaient un assez grand nombre de formes rares ou encore inconnues. Je vais faire connaître d'abord ces dernières, puis je donnerai la liste de tous les crustacés actuellement signalés comme vivant en Nouvelle-Zélande, et j'essayerai de tirer quelques conclusions relatives à la distribution géographique des espèces ainsi mentionnées.

## PARAMITHRAX MINOR
(*Nov. spec.*)

M. Lavaux avait donné anciennement au Muséum de Paris une espèce de crustacé de Nouvelle-Zélande que j'ai retrouvée en abondance dans le détroit de Cook et plus particulièrement dans la baie du Massacre, où elle se rencontre par des fonds de 15 à 20 mètres. Je l'ai également observée à l'île Stewart, où elle vit associée au *Paramithrax Peroni*. Elle me paraît être nouvelle.

Le rostre est formé, comme chez tous les *Paramithrax* de deux fortes épines. L'article basilaire des antennes externes est modérément élargi et son bord supérieur est droit, tandis que le bord externe est légèrement creusé à sa partie moyenne. Cette dernière disposition tend à faire prendre à l'extrémité externe du bord supérieur l'aspect d'une épine. L'extrémité externe du bord orbitaire présente une épine dirigée presque transversalement en dehors. Les bords des régions hépatiques sont garnis de quatre épines, deux faisant suite à l'épine orbitaire (la seconde étant de beaucoup la plus forte), deux situées plus en arrière au niveau d'un renflement précédant la région branchiale. La première de ces épines est également la plus forte. Au niveau de la région branchiale il existe une série de sept épines, la première détachée un peu en avant, les autres à égale distance les unes des autres. Les épines intermédiaires sont un peu plus basses. Les parties latérales de la carapace sont couvertes de tubercules sur lesquels s'insèrent des poils crochus de couleur roussâtre. Sur la ligne médiane, on rencontre encore des tubercules semblables à ceux que je viens de signaler, mais il existe en outre des épines aiguës, beaucoup moins nombreuses dans la partie antérieure que sur le *Paramithrax Peroni* et groupées d'une manière différente que dans cette dernière espèce. La main du mâle est longue et son pénultième article est garni une crête très saillante détachée en quelque sorte comme d'une lame mince. Le bord supérieur du même article constitue une crête rugueuse. La main est forte et lisse; son doigt mobile est finement denticulé sur son bord inférieur et ne présente pas le tubercule saillant qui existe sur le *Paramithrax Peroni*. D'autre part, dans cette dernière espèce, le bras est muni sur son bord externe d'épines saillantes; cette disposition ne se retrouve pas sur le *Paramithrax minor*.

En résumé, cette espèce se distingue du *Paramithrax Peroni* par l'absence d'épine à l'angle supérieur externe de l'article basilaire des antennes externes, par la présence d'une série de sept épines au lieu de cinq sur les bords de la région branchiale, par la forme absolument différente des trois derniers articles de son bras. Elle diffère du *Paramithrax Gaimardi*, également par l'absence d'épines au bord supérieur de l'article basilaire des antennes externes, par le nombre et la disposition des épines situées sur les bords de la carapace, par la forme du carpe qui, au lieu d'être couvert de granulations prenant en certains points la forme de véritables épines, est lisse et offre à son bord externe une crête détachée. Les dimensions des mâles sont :

| | |
|---|---|
| Longueur .................... | $0^{m}$,036 |
| Largeur.................. ..... | 0 ,026 |
| Longueur totale du bras....... | 0 ,049 |

PARAMITHRAS CRISTATUS
(*Nov. spec.*)

Rostre portant deux épines divergentes moins allongées et plus dilatées à leur base que ne le sont celles des *Paramithrax Peroni* et *Gaimardi*. Article basilaire des antennes externes large, à bord supérieur muni à ses extrémités de deux épines, dont l'externe est la plus forte. Cette dernière limite la portion inférieure de la cavité orbitaire, alors que le deuxième article des antennes externes occupe le canthus interne de l'œil. Le bord supérieur de l'orbite est saillant et présente à son extrémité externe une petite épine. Le bord de la carapace offre au niveau de la région hépatique quatre ou cinq épines, groupées suivant les sujets deux par deux ou bien par deux en avant et trois en arrière. Des deux antérieures, la première est la plus faible et limite presque le canthus externe de l'orbite. La deuxième épine est très forte et très acuminée à son sommet. Les deux ou trois épines suivantes sont fortes à leur base, peu élevées et de dimensions sensiblement égales. Toutes ces saillies donnent insertion à des poils nombreux. Au niveau de la région branchiale, on n'observe que trois petites épines dont les dimensions vont en diminuant d'avant en arrière. Sur un individu faisant partie des collections du Muséum de Paris, il existe trois épines d'un côté et quatre de l'autre.

La carapace est de forme sensiblement ovalaire, et la région gastrique est séparée de la région branchiale par un sillon très peu indiqué. Toute la face supérieure est recouverte de nombreux tubercules donnant insertion, comme le font les différentes épines dont j'ai parlé plus haut, à des poils crochus nombreux, de couleur fauve. Chez les mâles âgés, les bras sont allongés, la main très forte, le carpe garni, sur son bord supérieur, de deux crêtes très détachées dont l'interne est denticulée suivant son bord supérieur. Le doigt inférieur est lisse, le doigt supérieur mobile est garni d'une forte dent crochue près de sa base.

Les dimensions des mâles de cette espèce sont les suivantes :

| | |
|---|---|
| Longueur | $0^m,035$ |
| Largeur | 0 ,030 |

M. Miers a signalé et fait figurer cette espèce dans son Catalogue des Crustacés de la Nouvelle-Zélande (p. 6, *Pl.* I, *fig.* 20) sous le nom de *Paramithrax barbicornis* [*Paramithrax barbicornis*, H.-Milne Edwards, *Hist. nat. Crust.*, t. I, p. 324. — Miers, *Ann. Nat. Mag. et Hist.* (série 4), t. XVII, p. 219 (1876). — *Pisum barbicornis*, Latreille, *Encyc.*, t. X, p. 141 (1825)]. Le *Paramithrax barbicornis* de M. H.-Milne Edwards, ancien *Pisum barbicornis* de Latreille, est une espèce australienne fort différente de celle qui nous occupe actuellement. Les caractères sont les suivants : article basilaire des antennes externes, dilaté en dehors pour former un lobe sous-orbitaire et armé d'une petite dent antéro-externe sub-lamelleuse. Tigelle grêle cylindrique et insérée un peu en dehors du bord externe du rostre. Yeux médiocres incomplètement rétractiles; orbites à bords sourciliers, grands, voûtés et arrondis; fossette orbitaire externe très incomplète, largement ouverte en dessous, terminée en arrière par une dent orbito-externe pointue. Épistome grand et à peu près quadrilatère. Rostre médiocre, à cornes larges et courtes. Pattes médiocres. Carapace bombée, présentant sur ses bords huit épines, quatre correspondant à la région hépatique légèrement renflée, quatre à la région branchiale. La première série d'épines constitue deux groupes, formés chacun de deux éléments. Le premier groupe fait immédiatement suite à la partie externe de la cavité orbitaire, et il comprend deux épines séparées l'une de l'autre par un intervalle de $0^m,001$. Le deuxième groupe est situé au niveau de la portion la plus bombée de la région hépatique, et les deux épines le constituant sont très petites et se touchent presque par leur base. La deuxième série d'épines comprend également deux groupes. L'un, antérieur, faisant immédiatement suite au sillon marquant la séparation des régions hépatiques et branchiales, est formé de deux petites épines, la dernière très réduite. Le groupe postérieur comprend deux épines assez fortes, distantes l'une de l'autre de $0^m,002$. Elles se trouvent correspondre à la partie la plus renflée de la carapace. L'abdomen a tous ses anneaux libres.

La portion dorsale de la carapace présente de chaque côté des parties latérales de la portion dorsale une série de quatre tubercules, mousses donnant insertion à des poils crochus. Tout le reste de l'étendue de la même partie de l'animal est couvert de poils très serrés.

Les dimensions sont :

| | |
|---|---|
| Longueur | $0^m,064$ |
| Largeur | 0 ,053 |

Ces caractères sont absolument différents de ceux qui sont propres aux animaux appartenant au genre *Paramithrax;* aussi je crois que M. H.-Milne Edwards a eu raison de considérer le *Paramithrax barbicornis* comme faisant partie d'un genre distinct, et j'adopterai le nom de *Lobophrys barbicornis* sous lequel il l'a inscrit sur le Catalogue du Muséum de Paris.

Le *Paramithrax cristatus* se retrouve dans le sud de l'Australie.

PRIONORHYNCHUS EDWARDSI (Jacq. et Luc., *Voy. Pôle Sud.*, *Zool.*, t. III, *Crust.*, p. 8, Pl. 1, fig. 1; 1853).

Cette espèce a été trouvée pour la première fois par Hombron et Jacquinot aux îles Auckland. Je l'ai rencontrée en grande abondance dans les différentes baies de l'île Campbell, et je signalerai plus particulièrement les environs de l'anse de Vénus comme très propices pour la recueillir. Elle vit par des fonds de 4 mètres à 5 mètres et ne se rencontre jamais sur les plages ou sous les rochers. Les *Prionorhynchus Edwardsi* se réunissent en troupes nombreuses de deux à trois cents individus, et on les aperçoit groupés ainsi au fond de la mer où ils recouvrent de larges espaces. On les prend très facilement au moyen de casiers.

Le mâle seul de cette espèce nous était connu. Chez les femelles, dont j'ai obtenu plusieurs échantillons, j'ai constaté que les diverses particularités d'ornementation de la carapace et des membres des mâles subsistaient. Les bras sont beaucoup plus courts, car ils mesurent $0^m,115$ au lieu de $0^m,190$; sur les individus les plus forts la largeur de la main est de $0^m,018$ chez la femelle, et de $0^m,027$ chez le mâle.

L'abdomen est très large et arrondi, ses diamètres transverse et antéro-postérieur sont de $0^m,062$ et $0^m,067$.

| | |
|---|---|
| Longueur...................... | $0^m,102$ |
| Largeur...................... | 0 ,114 |

La coloration du *Prionorhynchus Edwarsi* est d'un rouge brique; chez quelques sujets, la main est d'une couleur uniforme plus éclatante. Sur d'autres, elle est d'un blanc jaunâtre marbré de plaques rouges, prenant dans certains cas une disposition circulaire.

EURYNOLAMBRUS AUSTRALIS (H.-M. Edw. et Luc.); var. STEWARTI

Cette belle espèce de Crustacé est très abondante par des

fonds de 25 mètres à 30 mètres, sur le côté est de l'île Stewart. Je l'ai rencontré également, dans les mêmes circonstances, dans le détroit de Cook et plus particulièrement dans la baie du Massacre. Elle vit sur des fonds vaseux. La carapace des sujets pris à l'île Stewart est tantôt lisse sur une certaine étendue et tantôt couverte d'une manière uniforme de granulations très serrées. Cet aspect fort différent m'avait fait supposer, tout d'abord, qu'il existait peut-être, entre les divers sujets que j'avais recueillis, des différences spécifiques ; mais une étude attentive m'a montré qu'il n'en était point ainsi, et qu'il ne s'agissait que de variations individuelles. Je désignerai la forme représentant cette modification par le nom d'*Eurymolambrus australis* var. *Stewarti*. Les dimensions des plus grands individus que j'ai recueillis sont les suivantes :

| | Longueur. | Largeur. | Longueur totale du bras. |
|---|---|---|---|
| Mâle............... | $0^{m}$,036 | $0^{m}$,060 | $0^{m}$,050 |
| Femelle............. | 0 ,036 | 0 ,057 | $0^{m}$,038 |

PILUMNUS NOVÆ ZELANDIÆ

(*Nov. spcc.*)

J'ai recueilli cette espèce qui m'a paru nouvelle sur les côtes de l'île Stewart et dans le détroit de Cook (baie du Massacre) où elle est très abondante. Je l'ai trouvée sur des fonds vaseux par des profondeurs de 15 mètres à 20 mètres. Ses caractères sont les suivants : front finement dentelé sur ses bords, divisés antérieurement en deux lobes séparés l'un de l'autre par une gouttière peu profonde. L'*extrémité externe* du front présente une petite épine surmontant le canthus interne de l'œil et limitant en avant le bord supérieur de l'orbite. Ce dernier, *lisse dans toute son étendue*, se dirige tout d'abord presque directement en arrière, puis transversalement en dehors. Le bord inférieur de la cavité orbitaire offre, en dedans, une petite épine suivie d'une autre beaucoup plus forte correspondant à la portion moyenne du pédoncule oculaire. En dehors de cette saillie, il existe deux tout petits tubercules très rapprochés l'un de l'autre, et visibles surtout avec une loupe. Le canthus externe de l'œil est profondément échancré, et cette ouverture est fermée en avant par l'article basilaire des antennes externes. Le canthus externe est surmonté par l'épine que j'ai dit limiter le bord supérieur de l'orbite; puis immédiatement au-dessous de lui, on observe une toute petite saillie que termine le bord orbitaire inférieur.

Le bord orbitaire supérieur a une disposition fort différente de celle que l'on observe sur le *Pilumnus tomentosus*. Dans cette dernière espèce, il offre au niveau de sa portion moyenne une sorte de lobe anguleux suivi d'une épine très forte, tandis que sur le *Pilumnus Novæ Zelandiæ* il est absolument lisse.

Les bords antéro-latéraux de la carapace sont armés de trois épines placées sur une même ligne comme dans les *Pilumnus vespertilio* et *tomentosus*. Au niveau de la portion supérieure de la région ptérygostomienne, on remarque sur quelques individus une toute petite épine. Chez certains sujets, cette petite saillie fait défaut, et l'on note seulement l'existence de quelques granulations.

La face supérieure de la carapace est lisse, tandis que sur les *Pilumnus vespertilio* et *tomentosus*, elle présente sur ses parties latérales des tubercules assez saillants, quelquefois assez détachés pour figurer de petites épines.

Chez les mâles et les femelles, on remarque une grande inégalité de force et de longueur pour les bras. Généralement c'est le bras droit qui est le plus fort, mais ces différences ne sauraient être rapportées au sexe de l'individu. La main est couverte généralement de granulations sur les deux tiers de sa face externe, mais chez quelques sujets, les granulations s'étendent jusqu'au bord inférieur.

Le corps est couvert d'un duvet court, épais et rude. On ne retrouve pas sur ce crustacé les poils longs et presque soyeux que l'on observe sur le *Pilumnus vespertilio*.

Les dimensions de cette espèce, dont j'ai réuni des centaines d'échantillons, sont de beaucoup inférieures à celles que je viens de citer. La longueur et la largeur maximum de la carapace sont chez les mâles de $0^m$,015 et de $0^m$,018.

PILUMNUS SPINOSUS
(*Nov. spec.*)

Je décris sous le nom de *Pilumnus spinosus* une petite espèce de Crustacés, recueillie à la Nouvelle-Zélande par M. Leclancher et faisant partie des collections du Muséum de Paris.

Le front, divisé en deux lobes finement denticulés sur leurs bords, est garni à ses extrémités externes d'une épine aiguë surmontant l'angle interne de l'orbite. Le bord orbitaire supérieur offre, au niveau de sa portion moyenne, deux épines presque contiguës l'une à l'autre. L'angle externe de l'orbite est également garni d'une épine. Comme on le voit, la disposition du bord orbitaire supérieur est tout à fait différente dans cette espèce de celle que j'ai notée pour les *Pilumnus vespertilio* et *Novæ Zelandiæ*.

Les bords latéro-antérieurs de la carapace sont armés de trois épines très allongées et très grêles, un peu contournées en crochet à leurs extrémités. Ces saillies vont en augmentant de force d'avant en arrière. La face supérieure de la carapace est garnie, sur ses parties latérales, de quelques petites granulations fort irrégulièrement disposées. Elle est lisse dans tout le reste de son étendue.

La face externe du carpe est recouverte de véritables épines très serrées les unes contre les autres. La même disposition se retrouve le long du bord supérieur de la main, mais sur la face externe de cette dernière partie, les saillies, tout en étant aussi serrées, sont moins détachées, moins aiguës, et elles finissent, en se rapprochant du bord inférieur qui est lisse, par ne plus constituer que de légères granulations à sommet très arrondi. Le deuxième et le troisième article des pattes ambulatoires ont leur bord supérieur garni dans toute leur étendue de petites épines très aiguës.

Le corps, ainsi que les pattes, est couvert de poils fins et pressés, d'une couleur brunâtre. Les dimensions de la femelle de cette espèce (le mâle m'est inconnu) sont les suivantes :

| | |
|---|---|
| Longueur.................... | 0m,008 |
| Largeur.... .................. | 0 ,012 |

### PANOPEUS OTAGOENSIS
(*Nov. spec.*)

Cette espèce, que je crois nouvelle, a été rencontrée par M. Hutton aux environs du port d'Otago. L'échantillon que je décris a été donné par ce savant professeur au Muséum de Paris. Le front est bilobé ; les deux lobes sont séparés l'un de l'autre par une légère dépression ; les bords en sont minces et très finement granuleux, leur direction étant un peu oblique en arrière. La cavité orbitaire, les hiatus qu'elle présente à sa partie inférieure externe, sont normalement constitués. Les bords de la carapace sont minces et portent trois épines, dont l'antérieure est la plus forte. Le bord externe de ces épines est fortement convexe. L'épine antérieure est séparée du bord externe de la cavité orbitaire par un espace mesurant près de 0m,002 d'étendue. En ce point, le bord de la carapace est plissé en forme d'S. Les bras sont assez courts, les mains qui les terminent étant inégales. La main droite mesure 0m,012 de longueur, 0m,0055 de hauteur, 0m,003 d'épaisseur. Les mêmes mesures prises suivant un ordre semblable pour la main gauche donnent les nombres : 0m,015, 0m,008, 0m,0045. La longueur du bras droit est de 0m,019, celle du gauche est de 0m,023. Les doigts de la main droite portent sur leurs bords opposés des tubercules arrondis assez forts. Les tubercules du doigt mobile vont en diminuant de force d'arrière en avant. Le deuxième tubercule de l'autre doigt, en allant d'arrière en avant, est au contraire le plus fort. Les doigts de la main gauche ne présentent pas de tubercules. Leurs bords sont tranchants, très légèrement crénelés. Le sujet que je décris est un mâle, dont l'abdomen comprend, comme chez tous les *Panopeus* antérieurement décrits, cinq articles.

Les mensurations de la carapace sont les suivantes :

| | |
|---|---|
| Diamètre antérieur postérieur.. | $0^m$,013 |
| Diamètre transversal .......... | 0 ,017 |

OMMATOCARCINUS HUTTONI
(*Nov. spec.*)

L'espèce que je décris a été recueillie par M. Hutton aux environs d'Otago. Le seul exemplaire qui en ait été trouvé fait partie des collections du Muséum de Paris.

Carapace deux fois aussi large que longue (largeur $0^m$,033, longueur $0^m$,016), se terminant au point où elle atteint son plus grand diamètre transversal sous la forme d'épine aiguë. Podophtalmites longs et grêles, renflés à leur extrémité. La cornéule qu'ils supportent dépasse un peu l'extrémité transversale de la carapace. Le bras droit est un peu plus développé chez la femelle, qui est seule connue, que le gauche. Les mains sont modérément allongées, mais sensiblement aplaties. Elles sont lisses, tant sur leur face externe que sur leur face interne, et l'on ne découvre, en aucun point de leur étendue, de trace de granulations ou d'épines. Les bords opposés des doigts près de leur base sont garnis de tubercules arrondis. Les tubercules que l'on observe près de l'extrémité sont comprimés et ont une tendance à devenir aigus. Ils sont très inégaux de taille et disposés de telle sorte que les gros tubercules supérieurs viennent se placer dans les intervalles correspondant aux petits tubercules inférieurs.

La carapace est lisse dans toute son étendue. Le bord supérieur des fosses orbitaires est très finement granuleux. Le deuxième article des pattes ambulatoires porte une toute petite épine à l'extrémité de son bord supérieur. Le bord inférieur de l'avant-dernier article est garni de poils forts et assez longs régulièrement espacés. Les poils que l'on voit sur le bord inférieur du dernier article sont courts et très serrés.

Je ne pense pas que l'animal que je viens de décrire soit la femelle de l'*Ommatocarcinus Macgillivrayi*, dont le mâle seulnous est connu d'après la description que White en a donnée (Append. du *Narrative of H. M. S. Rattlesnake*, p. 393, *Pl. V*). Le mâle de cette espèce porte une épine sur le bord supérieur du bras et l'on rencontre une autre épine émoussée au côté interne du carpe. Le bord antérieur, toute la portion antérieure de la carapace sont granuleux. Le bord supérieur des bras, est couvert de papilles. Aucun de ces caractères ne se trouve sur le crustacé néo-zélandais, dont la coloration est également fort différente. Elle est d'un gris blanchâtre uniforme, tandis que chez l'*Ommatocarcinus Macgillivrayi* les bras sont marqués de rouge, alors que l'épistome, les orbites et les plus grandes parties de la surface de la carapace sont tachetées de la même couleur. Enfin les épines latérales de la carapace sont, proportionnellement au volume du corps, moins allongées sur l'*Ommatocarcinus* de Nouvelle-Zélande.

### GELASSIMUS HUTTONI
(*Nov. spec.*)

Cette espèce m'a été remise par M. Hutton, qui l'avait recueillie aux environs du port d'Otago. La carapace, assez élevée, est complètement lisse dans toute son étendue. La première partie de son bord externe est convexe et se dirige directement d'avant en arrière. La grande main, chez le mâle, a son bord supérieur fortement convexe. Il est limité sur la face externe par un sillon profond. Le doigt mobile présente sur son bord inférieur deux rangées parallèles de granulations, l'une interne, l'autre externe. Les granulations de la rangée externe sont assez fines et toutes serrées régulièrement les unes contre les autres. La rangée interne comprend des tubercules plus forts, quoique encore très réduits et très séparés les uns des autres et formant en quelque sorte trois groupes. L'un situé à la base du doigt, l'autre à sa portion moyenne, l'autre à son sommet. Le doigt inférieur présente lui aussi deux rangées de tubercules. Les éléments de la rangée externe sont sensiblement égaux. Ceux de l'extrémité du doigt sont un peu plus saillants et un peu plus écartés les uns des autres. Les tubercules de la rangée externe sont réduits vers la base du doigt, et ils vont en augmentant progressivement de volume jusqu'à moitié de cet appendice, où l'un d'entre eux s'élève alors d'une manière remarquable. Les tubercules suivants vont en diminuant progressivement de forme. La longueur de la main, mesurée depuis la portion moyenne de son articulation jusqu'au sommet du doigt mobile, est de $0^{m},055$. La longueur du doigt mobile est de $0^{m},045$, mesurée suivant son bord supérieur.

Les dimensions de la carapace sont les suivantes :

| | Mâle. | Femelle. |
|---|---|---|
| Diamètre antérieur postérieur.... | $0^{m},028$ | $0^{m},020$ |
| Diamètre transversal........... | 0 ,035 | 0 ,030 |

PINNOTHERES NOVÆZELANDIÆ
(*Nov. spec.*)

J'ai trouvé cette espèce nouvelle, en grande abondance, dans l'intérieur des *Mytilus edulis* vivant sur le pourtour de la baie du Massacre, dans le détroit de Cook. Au premier abord, par l'élargissement du deuxième article des pattes, elle rappelle beaucoup le *Pinnotheres latipes*, mais un examen détaillé montre qu'elle est très différente. Chez le mâle et la femelle, la carapace, aussi longue que large, est très convexe ; le front est très peu détaché et un peu déprimé sur la ligne médiane au niveau de son bord antérieur. Le deuxième et le troisième article des bras sont garnis de poils courts, fins et serrés le long de leur bord supérieur. On trouve également une rangée de poils à la partie inférieure de la face interne de la main sur le *Pinnotheres latipes;* le bord supérieur des deuxième et troisième articles de la main est en quelque sorte dentelé, tandis que sur l'espèce que je décris il est droit et mousse dans toute son étendue. Les pattes ambulatoires sont élargies, comprimées, et leurs premier et deuxième articles présentent le long de leur bord supérieur une rangée de poils également fins, courts et très serrés. Le bord inférieur du deuxième article est canaliculé dans sa partie externe et pubescent. Le bord inférieur des troisième, quatrième et cinquième articles est également couvert, dans toute son étendue, de poils très fins. Chez la femelle, le bord inférieur du deuxième article n'est pas canaliculé et, ainsi que celui des troisième, quatrième et cinquième articles, n'est pas garni de poils. Mais ceux-ci existent comme chez le mâle au niveau du bord supérieur des premier et deuxième articles, de toutes les pattes. Les dimensions de cette espèce sont les suivantes :

| | Longueur. | Largeur. |
|---|---|---|
| Mâle............... | 0m,01 | 0m,01 |
| Femelle............ | 0 ,014 | 0 ,014 |

HALICARCINUS HUTTONI
(*Nov. spec.*)

J'ai recueilli cette espèce d'*Halicarcinus* à l'entrée de Port-Chalmers, dans la province d'Otago. En examinant les échantillons rapportés par Quoy et Gaymard de leur voyage dans les mers du Sud, j'en ai trouvé deux exemplaires qui ne portent que la mention de Nouvelle-Zélande comme indication de localité. Le corps est sub-orbiculaire, et la carapace est limitée antérieurement, comme dans la plupart des espèces d'*Halicarcinus,* par un bord arrondi, au-dessous duquel se détache le front. Celui-ci est muni de trois épines dirigées directement en avant. Les deux pointes externes sont un peu plus élargies à leur base que ne l'est la pointe médiane, et elles sont planes suivant leurs faces supérieure et inférieure. L'épine médiane est conique, les saillies sont disposées d'une manière fort différente de celles que l'on observe sur l'*Halicarcinus tridentatus*. Dans cette dernière espèce, elles se détachent d'une sorte de lamelle naissant de la partie antérieure de la carapace.

Dans l'espèce que je décris, cette partie frontale n'existe pas et les trois pointes sont en quelque sorte implantées sur la partie médiane et antérieure de la carapace. Les régions cardiaque, gastrique et branchiale sont limitées par des sillons profonds, et les bords antéro-latéraux de la carapace portent, au niveau de la région gastrique, une toute petite épine marginale s'accusant sous la forme d'une légère saillie obtuse.

La main n'est pas forte, et les doigts portent comme dans les espèces précédentes des cannelures sur leur face externe. Le deuxième et le troisième article des pattes ambulatoires sont pubescents suivant leur bord supérieur, alors que le quatrième article est couvert sur toute sa surface de granulations et de poils fins et courts. Le bord inférieur du cinquième article présente également une rangée de poils. Les dimensions sont les suivantes :

| | Longueur. | Largeur. |
|---|---|---|
| Mâle............... | 0m,006 | 0m,008 |
| Femelle............ | 0 ,005 | 0 ,006 |

En résumé, cette espèce se différencie de l'*Halicarcinus tridentatus* par sa taille beaucoup plus réduite, par la disposition des pointes de son front, par la présence d'une épine sur les bords de la carapace.

### HYMENICUS EDWARDSI
(*Nov. spec.*)

J'ai recueilli cette espèce, qui m'a paru nouvelle, à l'entrée de Port-Chalmers dans la province d'Otago, et je l'ai vue s'étendre au Sud jusqu'à l'île Stewart et au Nord jusqu'au détroit de Cook. Sa carapace présente un bord postérieur droit, des bords latéraux fortement convexes dans leur partie moyenne se réunissant en avant pour constituer un front saillant et trilobé. Ils présentent de chaque côté deux épines marginales aiguës et bien détachées. Cette espèce se différencie dès lors de l'*Hymenicus varius* par la forme de la carapace qui est presque ovalaire sur ce dernier, par la présence d'épines marginales saillantes. D'autre part, dans l'*Hymenicus varius*, les trois lobes frontaux sont presque aussi avancés les uns que les autres et leur extrémité est arrondie. Le Crustacé que je décris ne présente pas une semblable disposition. Le lobe moyen est très développé, très élargi à sa base, tandis que les lobes latéraux sont plus réduits et que leur sommet correspond seulement à sa partie basilaire. Les bras sont forts et tous leurs articles sont revêtus de poils longs et crochus qui prennent surtout un grand développement au niveau de la main. Les doigts sont dentelés et canaliculés sur leur face externe. Les pattes ambulatoires sont modérément allongées : leur bord supérieur est revêtu de poils courts et fins et leur bord postérieur de poils également fins, mais très allongés. Sur la face supérieure de la carapace, on aperçoit également quelques poils courts disséminés sur sa surface. Les régions ptérigostomiennes sont également garnies d'un duvet fin et les parties latérales du cadre buccal sont garnies de poils longs et touffus. Les dimensions de cette espèce sont les suivantes mesurées sur le mâle :

| | |
|---|---|
| Longueur | $0^m$,0115 |
| Largeur | 0 ,0115 |

HYMENICUS COOKI
(*Nov. spec.*)

J'ai recueilli cette toute petite espèce, dont je ne connais que la femelle, dans le détroit de Cook. La forme de sa carapace la rapproche de l'*Hymenicus Edwarsi* et l'éloigne de l'*Hymenicus varius*. Les bords latéraux antérieurs portent chacun deux épines, l'antérieure s'accusant sous la forme d'une petite saillie arrondie, la postérieure longue et très aiguë. Le front est proéminent, large à sa base et tridenté. La disposition de ses pointes ou lobes rappelle beaucoup celle de l'*Hymenicus varius*. Ainsi cette espèce se différencie de l'*Hymenicus Edwarsi* par sa taille beaucoup plus réduite et elle s'en rapproche par la forme de sa carapace : elle rappelle l'*Hymenicus varius* par la forme de ses lobes frontaux.

Les bras sont courts, les doigts finement dentelés. On aperçoit à la loupe quelques poils à la face interne du carpe et de la main. Le premier, le deuxième et le troisième article des pattes ambulatoires sont glabres, le quatrième présentant sur son bord postérieur quelques poils longs et isolés. Le cinquième article est très pubescent sur toute l'étendue de son bord postérieur. Les dimensions de la femelle sont les suivantes :

| | |
|---|---|
| Longueur | 0m,005 |
| Largeur | 0 ,005 |

HYMENICUS HAASTI
(*Nov. spec.*)

Cette espèce vit comme la précédente dans le détroit de Cook. La carapace est ovalaire à grosse extrémité postérieure. Le front est saillant et triangulaire, présentant à sa base deux tout petits lobes à peine indiqués. Toute la face dorsale de la carapace, ainsi que ses bords dépourvus d'épines, sont couverts de poils fins, serrés et crochus. Le bras, ainsi que les pattes ambulatoires, sont excessivement velus. Leurs articles sont couverts sur toutes leurs faces et sur tous leurs bords de poils nombreux et longs. Les doigts présentent de fines denticulations sur leurs bords. Les diamètres antéro-postérieur et transverse de la carapace sont de 0,0049 et 0,0045 pour la femelle que j'ai seule rencontrée. Cette espèce se rapproche de l'*Hymenicus pubescens ;* mais la carapace est plus élargie, plus dilatée dans les régions hépatiques où elle forme sur le bord latéral un renflement qui n'existe pas dans l'espèce décrite et figurée par Dana. D'autre part, les pattes de l'*Hymenicus Haasti* sont plus grosses et terminées par des doigts courts et crochus au lieu de doigts longs et grêles.

ELAMENA LONGIROSTRIS
(*Nov. spec.*)

J'ai rencontré cette espèce, qui me paraît nouvelle, sur la

côte est de l'île Stewart. La carapace est triangulaire et toute sa face dorsale est recouverte de poils courts et touffus. Le front se prolonge plus en avant que dans l'*Elamena Withei*, et il n'est pas creusé en gouttière sur sa face supérieure. Les bras de la femelle, que j'ai seule rencontrée, sont très longs et très grêles. La main a surtout un développement considérable, et les doigts présentent, vus à la loupe sur toute l'étendue de leurs bords opposés, de très petites et très inégales denticulations. Les bras et les pattes ambulatoires, qui sont longues et grêles, sont également velus. Les dimensions du seul exemplaire que j'ai obtenu par des dragages à 50 mètres de profondeur sont les suivantes :

| | |
|---|---|
| Longueur.................... | $0^m,01$ |
| Largeur.................... .. | 0 ,008 |

ELAMENA KIRKI
(*Nov. spec.*)

J'ai recueilli à l'entrée de Port-Chalmers, dans la province d'Otago, une *Elamena* très voisine de l'espèce dont je viens de rapporter la description et, afin de faire mieux saisir les caractères qui m'ont porté à la considérer comme en étant une espèce distincte, je vais en donner une description très détaillée. Elle m'a paru être assez rare.

La carapace est plane et un petit peu plus large que longue, les bords présentent deux dents peu accusées sur tous les sujets, le bord de la carapace compris entre ces deux saillies est convexe, au lieu d'être concave, comme dans l'*Elamena producta*. Le front chez le mâle est arrondi et large, tandis que sur le dessin que M. Kirk a donné du Crustacé qu'il a découvert dans le détroit de Cook, il se termine en pointe. Le bord postérieur de la carapace est également fort différent dans les deux formes que je mets en parallèle. Dans l'*Elamena producta*, il se présente sous la forme d'une ligne régulièrement convexe depuis une des épines postérieures jusqu'à l'autre. Dans l'*Elamena Kirki*, il n'en est point ainsi, la partie du bord postérieur qui fait suite à l'épine postérieure se porte presque verticalement en bas et la partie médiane du bord postérieur de la carapace est droite. Les mains sont longues et fortes chez le mâle, grêles chez la femelle. Le bord interne des doigts est garni de poils fins et serrés. Toutes les pattes ambulatoires sont glabres, à l'exception du bord inférieur du cinquième article. Toute la carapace ainsi que la région ptérigostomienne et les pattes sont couvertes de granulations fines et serrées. Comme on le voit par cette description, l'*Elamena* que j'ai trouvée sur les côtes de la province de Dunedin est fort voisine de l'*Elamena producta*, mais la forme de sa carapace est assez différente pour qu'on doive, je crois, l'en distinguer.

### PHLYXIA CHEESMANI
(*Nov. spec.*)

J'ai recueilli sur la côte est de l'île du milieu de la Nouvelle-Zélande, à l'entrée du port d'Otago, une espèce de *Phlyxia* qui m'a paru différer de celles décrites jusqu'à ce jour. La carapace, de forme ovalaire, se termine postérieurement par trois pointes, dont la médiane, très développée, est arrondie à son sommet. Les régions hépatiques sont globuleuses et présentent vers le sommet de leur convexité quelques granulations. Au niveau de la région cardiaque, de chaque côté de la ligne médiane, on remarque également une saillie accusée portant à son sommet des granulations. Ces saillies sont séparées l'une de l'autre par un soulèvement antéro-postérieur de la portion médiane de la carapace. Le soulèvement s'élargit considérablement au niveau des régions hépatiques et il porte sur sa ligne médiane des granulations assez serrées. Les bras sont couverts de petites épines sur leur face antérieure. Au niveau de leur bord externe, ces saillies sont plus accusées. Le bord externe du carpe est dentelé en forme de scie. La main est absolument lisse. Les doigts sont, sur leurs bords opposés, légèrement dentés.

Aux extrémités du diamètre transversal de la carapace, il existe une dent mousse.

PETROLISTHES NOVÆ ZELANDIÆ
(*Nov. spec.*)

J'ai recueilli ce Crustacé, qui m'a paru constituer une espèce différente de celles signalées jusqu'en Nouvelle-Zélande, dans le détroit de Cook et sur la côte est de l'île Stewart. Les bords de la carapace ne sont pas minces, tranchants et unis comme dans le *Petrolisthes elongatus ;* ils sont plus épaissis et présentent au niveau de la partie antérieure de la région cardiaque une petite épine. En avant de cette saillie, la carapace se renfle un peu et donne naissance à un lobe arrondi sur son bord et bien limité antérieurement par un sillon. La partie antérieure du bord externe de la carapace mince et tranchante se termine à une assez forte épine limitant en dehors le canthus externe de l'œil. Le front, qui n'est pas incliné, se divise antérieurement en deux lobes dentelés sur leurs bords. Les bras sont longs, comme dans le *Petrolisthes elongatus*, et le troisième article, très granuleux ainsi que la main, porte sur son bord externe trois épines régulièrement espacées. La main offre à la partie moyenne de sa face supérieure une saillie linéaire antéro-postérieure. Les pattes ambulatoires sont allongées et les articles les constituant sont dégarnis d'épines. Le deuxième article a une forme fort différente de celle qu'il possède sur le *Petrolisthes Stewarti.* Il est allongé, au lieu d'être court, et ne se renfle pas à son extrémité externe. La première paire de pattes-mâchoires présente également des caractères distinctifs dans les deux espèces que je mets en parallèle. Le bord externe de son troisième article est lisse dans le *Petrolisthes Stewarti*, tandis qu'il est dentelé dans le *Petrolisthes Novæ Zelandiæ*. Les différents échantillons que j'ai recueillis sont tous de petite taille. Ils mesurent $0^m,007$ de longueur et $0^m,006$ de largeur.

PETROLISTHES STEWARTI
(*Nov. spec.*)

J'ai rencontré cette forme, très voisine de la précédente par ses caractères généraux, sur les côtes de l'île Stewart où elle m'a paru rare. Comme sur le *Petrolisthes Novæ Zelandiæ*, les bords de la carapace portent sur les côtés une petite épine et s'accusent au niveau des régions hépatiques sous la forme d'un lobe à bords arrondis. Le front est complètement différent de celui de cette dernière espèce. Il est très incliné, très avancé, et il présente un sillon médian profond. Son extrémité antérieure aiguë est finement dentelée. Cette forme ne rappelle en rien celle bilobée et denticulée, que j'ai dit exister sur le *Petrolisthes Novæ Zelandiæ*. Le troisième article de la première paire de pattes mâchoires est garni de petites dents sur son bord externe.

PORCELLANOPAGURUS EDWARDSI
(*Nov. spec.*)

J'ai recueilli à l'île Campbell, par des fonds de 4 mètres à 5 mètres, et sur la côte est de l'île Stewart, dans les mêmes conditions, une forme très remarquable de Crustacé, alliant en quelque sorte les caractères des Porcellanes à ceux des Pagures. Elle vit au milieu des algues, ne cherchant pas, comme les derniers animaux dont je viens de parler, un abri dans les coquilles abandonnées.

La carapace, de forme semi-ovalaire, se termine antérieurement par un rostre aigu, large à sa base, légèrement convexe sur ses bords. Le bord supérieur de l'orbite est lisse et se relève un peu en dehors. Les pédoncules oculaires dépassent un peu le sommet du rostre. Presque immédiatement en arrière de l'angle orbitaire externe, le bord de la carapace porte deux épines, la première étant beaucoup plus réduite que la seconde qui est aplatie et fortement convexe sur son bord externe. En arrière de cette saillie, à 1 millimètre environ de sa base, on trouve une nouvelle épine beaucoup plus forte, beaucoup plus détachée, obtuse à son sommet. Elle est précédée par un tout petit tubercule faisant une légère saillie sur le bord externe de la carapace. En arrière de cette épine on en observe une seconde qui se porte transversalement en dehors, au lieu de se diriger obliquement de dedans en dehors et d'avant en arrière. Son bord postérieur est droit, son bord antérieur convexe. Le sommet tantôt simple, tantôt bifide, est toujours mousse. A partir du bord postérieur de cette saillie, le bord de la carapace qui était convexe devient droit et se porte directement d'avant en arrière jusqu'au point d'origine de l'abdomen. La face dorsale de la carapace est couverte sur toute son étendue de fines granulations.

L'abdomen est en quelque sorte membraneux, translucide et garni seulement de plaques à son extrémité postérieure. Il porte à sa partie antérieure une paire de pattes courtes et grêles.

Les antennes internes atteignent le bord antérieur de l'œil et sont terminées par un bouquet de poils. Les antennes externes sont très longues et fines.

La première paire de pattes est fortement granuleuse et les faces externe et interne de la main et des doigts sont couvertes de petits paquets de poils disposés en série longitudinale. La main droite est plus forte que la gauche. Les pattes suivantes sont couvertes de granulations qui, au niveau du bord antérieur des troisième et quatrième articles, se détachent sous la forme de petites épines. Le dernier article se termine par un ongle crochu et son bord postérieur porte sur toute son étendue des poils fins et courts.

Sur les plus grands échantillons que j'ai recueillis la carapace mesure $0^{m},013$ d'avant en arrière et $0^{m},011$ transversalement.

### EUPAGURUS EDWARDSI
(*Nov. spec.*)

Cette espèce est voisine de celle que M. Miers a décrite sous le nom d'*Eupagurus spinulimanus*.

Je l'ai recueillie dans le détroit de Cook et surtout sur la côte est de l'île Stewart où elle est très commune. La carapace présente à la partie médiane de son bord antérieur un tout petit tubercule arrondi et latéralement au niveau des antennes externes une saillie anguleuse. Deux pinceaux de poils sont implantés immédiatement en arrière du tubercule médian, et l'on en remarque également deux en arrière de chaque saillie latérale. Ces derniers sont suivis de chaque côté par une rangée composée de quatre paquets de poils situés sensiblement à égale distance les uns des autres. Les deux derniers paquets sont composés d'un très petit nombre d'éléments. Les yeux sont portés par de très longs pédoncules ; sur tous les échantillons que j'ai réunis la longueur des pédoncules est un peu inférieure à celle de l'étendue du bord antérieur de la carapace. Les écailles situées à leur base sont peu développées et elles présentent en dedans une épine dont la base est garnie de petits poils divergents. Les antennes externes présentent au bord externe de leur article basilaire une épine bien développée, garnie de longs poils sur tout son bord inférieur. L'épine représentant le palpe est très allongée, un peu contournée en dehors et en bas ; son bord interne est garni de cinq paquets de poils, alors que le bord externe n'en présente qu'un, situé tout à fait près du sommet. Le flagellum très développé présente des séries alternatives de trois, quatre, cinq, six et même sept articles, colorés les uns en rouge, les autres en blanc. Les pattes antérieures sont très inégales, la droite étant de beaucoup la plus forte. La main, qui termine cette dernière, mesure sur certains échantillons jusqu'à $0^m,02$ de hauteur et $0^m,012$ d'épaisseur. Le carpe est couvert de paquets de poils très denses, très serrés sur toute sa face externe, alors que sa face interne, lisse, n'en offre point. Le bord supérieur du carpe est armé d'une série de sept ou huit épines très fortes. Au-dessous d'elles, on observe quelques autres épines plus faibles, irrégulièrement disposées, garnissant toute la moitié sépérieure de la face externe du carpe. A mesure que l'on considère une portion plus abaissée de cette dernière partie, on remarque que les épines perdent de leur force, qu'elles sont moins élevées, moins aiguës. Elles finissent par n'être plus représentées que par de petits tubercules mousses. La face externe de la main est couverte de six séries horizontales de tubercules. La première d'entre elles, la plus élevée, est composée d'éléments très forts, très détachés; la seconde ne comporte que de petites saillies; la troisième et la quatrième sont formées par des épines mousses qui, inférieures en hauteur à celles existant dans la première série, sont pourtant plus fortes que celles entrant dans la constitution de la deuxième, de la cinquième et de la sixième série. Les bords supérieurs et inférieurs de la main sont également épineux, en quelque sorte crénelés. Toutes ces denticulations et ces diverses séries d'épines ou de tubercules sont presque complètement masquées par des poils longs et nombreux qui s'insèrent dans leurs intervalles. Ces poils prennent surtout un grand développement le long des bords. Quant aux sommets des tubercules, ils se dégagent au-dessus d'eux et apparaissent comme autant de petites saillies arrondies d'une coloration violette, portées par une sorte de pédicule rétréci. Le doigt mobile offre trois séries de tubercules, l'une située sur son bord supérieur, les deux autres sur sa face externe. Sur la face interne de la main et du doigt mobile, il existe quelques rangées linéaires longitudinales de petits paquets de poils. Le bord interne des doigts est élargi et armé de forts tubercules mousses aplatis. La petite main, de forme ovalaire, a un bord supérieur épineux et un bord inférieur mousse. Sur sa face externe, il n'existe qu'une unique rangée de tubercules. Les pattes ambulatoires dont les articles sont aplatis, comprimés d'avant en arrière, offrent le long de toute l'étendue de leurs bords supérieurs et inférieurs une série de touffes de poils, d'autant plus denses qu'elles se trouvent être plus rapprochées du sommet du membre. Le quatrième article de la deuxième paire est épineux sur son bord supérieur. L'abdomen est dépourvu de plaques et il porte, sur la femelle, du côté gauche, quatre fausses pattes rudimentaires garnies d'appendices très développés. La longueur des plus forts sujets que j'aie trouvés est de $0^{m},075$, mesurée depuis le sommet du front jusqu'à la partie la plus reculée de l'abdomen. Cette espèce est facile à distinguer de l'*Eupagurus Novæ Zelandiæ*. Chez cette dernière, la main n'est couverte de poils que dans sa partie supérieure, et d'autre part, le carpe présente à sa partie interne un grand développement s'accusant sous la forme d'une forte saillie pyramidale. Rien de semblable ne se retrouve sur l'*Eupagurus Edwardsi*. La taille est, d'autre part, fort différente dans ces deux espèces. Quant à l'*Eupagurus spinulimanus*, il me paraît ne pouvoir être confondu avec l'espèce que j'ai recueillie, car M. Miers qui en a donné une description fort détaillée ne signale pas et n'a pas fait figurer les tubercules garnissant la face externe du carpe, qui sont si remarquables par leur sommet arrondi, supporté par un col rétréci, les rattachant à une base large.

### EUPAGURUS KIRKI
(*Nov. spec.*)

Cette espèce provient du détroit de Cook. Elle a été recueillie dans la baie du Massacre. Le front est légèrement anguleux; les yeux sont allongés et un peu dilatés à leur extrémité terminale. Leur article basilaire est armé en haut et en dedans d'une petite épine. Les pédoncules oculaires portent sur leur bord supérieur cinq petits paquets de poils très fins, visibles seulement à la loupe, implantés tous à égale distance les uns des autres. Les antennes externes sont très longues, et, comme dans l'*Eupagurus Traversi*, elles portent sur leurs articles des poils fins, d'autant plus courts qu'ils se trouvent situés en un point plus rapproché du sommet de l'organe. L'article basilaire qui les supporte présente en dedans et en haut, correspondant au palpe, une longue épine de même forme que dans l'espèce précédente, et en dehors une épine plus courte à bord interne couvert de poils fins. Le bras droit a un développement semblable à celui qu'il possède sur l'*Eupagurus Cookii*. La main porte à son extrémité deux doigts de longueur égale. Son bord inférieur est régulièrement convexe et crénelé sur toute son étendue. Sa face supérieure est parcourue d'avant en arrière dans sa partie moyenne par une série de tubercules aigus. La main gauche diffère de celle de l'*Eupagurus Traversi* en ce que son bord supérieur, simplement granuleux dans cette dernière, est surmonté d'une crête détachée et fortement denticulée et, d'autre part, en ce que les doigts rapprochés ne laissent presque pas d'intervalles entre eux.

### EUPAGURUS COOKII
(*Nov. spec.*)

J'ai recueilli cette espèce, comme les deux précédentes, dans le détroit de Cook, au voisinage de la baie du Massacre. Le front présente, en avant et sur la ligne médiane, un prolongement aigu plus accusé que dans les *Eupagurus Traversi* et *Kirki*. Les pédoncules oculaires sont, proportionnellement à la longueur du corps, moins longs que dans ces deux dernières espèces, et l'article qui les supporte dépasse le bord extérieur de la carapace. Les antennes externes ont une forme et une disposition remarquables. Leur article basilaire présente en dehors et en haut une longue épine correspondant au palpe garni à son sommet de poils fins et allongés. Leur second article est allongé et nu ; quant au flagellum, il est inséré presque à angle droit sur ce dernier et il porte des poils sur presque toute son étendue. Le bras droit est très fort. Le carpe présente à son bord supérieur une crête très détachée et fortement denticulée à la manière d'une scie. Sa face externe, lisse dans sa moitié supérieure, est légèrement granuleuse dans sa partie inférieure en même temps qu'elle est couverte de poils longs, espacés. La main possède une forme très caractéristique. Son bord inférieur et son bord supérieur sont profondément dentelés, et à la partie postérieure de la face externe une crête très saillante, également denticulée, les réunit l'un à l'autre. Il résulte de cette disposition que toute la face externe de la main est entourée d'un rebord muni de denticulations fortes et aiguës. D'autre part, sur la face externe de la main, il existe une dépression profonde, limitée en haut et en bas par deux crêtes ou mieux par deux plis. Les doigts se mettent exactement en contact par leurs bords opposés qui sont armés de tubercules mousses et élargis. La petite main présente sur tout son bord supérieur une crête très forte, contournée et profondément dentelée dans toute sa longueur. Les doigts se rapprochent plus que dans les *Eupagurus Traversi* et *Kirki*. Toute la face supérieure des deux mains est couverte de granulations. Les pattes sont allongées et elles possèdent les mêmes caractères que dans les formes d'*Eupagurus* que j'ai signalées antérieurement. La longueur du mâle de cette espèce, mesurée de la partie antérieure de la carapace à la partie la plus reculée de l'abdomen, est de $0^{m},024$.

### EUPAGURUS STEWARTI
(*Nov. spec.*)

J'ai recueilli cette petite espèce d'*Eupagurus* sur les côtes de l'île Stewart. Le front se termine en avant par une épine saillante et le bord antérieur de la carapace présente deux prolongements anguleux situés un peu au-dessus et en dehors de l'article supportant les pédoncules oculaires. Ceux-ci sont assez allongés et l'œil est un peu élargi transversalement. Les antennes externes sont longues et couvertes de poils fins et allongés. Le bras droit présente un assez grand développement; la face supérieure du carpe est presque plane; son bord interne est dentelé, épineux, alors que le bord externe est simplement granuleux. On remarque sur toute l'étendue de chacun d'entre eux quelques poils peu allongés et assez espacés. La main, presque quadrilatère, présente une forme très différente de celle qu'elle possède dans les différentes espèces d'*Eupagurus* dont nous avons jusqu'à présent constaté l'existence en Nouvelle-Zélande. Ses bords inférieurs et supérieurs sont légèrement dentelés et toute sa surface supérieure est granuleuse. Comme sur le carpe, il existe de légers poils insérés entre les diverses denticulations. Le doigt mobile est également crénelé et garni de poils fins le long de son bord supérieur qui est très étendu, courbé brusquement à son extrémité antérieure arrondie. Le carpe de la petite main est triangulaire, à base inférieure, à bord supérieur garni d'épines assez fortes dans ses deux tiers antérieurs. La petite main rappelle beaucoup comme forme celle du grand bras, elle est crénelée tout le long de son bord externe. Le doigt mobile est assez développé et il se termine carrément en avant. L'abdomen ne présente pas de plaques. La longueur du mâle de cette espèce est de $0^m,02$ mesurée de la partie antérieure de la carapace à la partie la plus reculée de l'abdomen. La largeur de la carapace est de $0^m,004$ seulement.

### EUPAGURUS HECTORI

(*Nov. spec.*)

Cette espèce assez rare est répandue sur toutes les côtes de la Nouvelle-Zélande, et elle m'a paru d'autant plus abondante que je me rapprochais davantage des portions du sud. Ainsi, elle est relativement plus commune à l'île Stewart qu'elle ne l'est dans l'île du Nord et dans l'île du Milieu. Le front est épineux à sa partie antérieure et les angles latéraux du bord antérieur de la carapace sont arrondis. Un sillon profond à direction antéro-postérieure limite latéralement la région gastrique, et l'on voit insérés dans sa profondeur quatre à cinq paquets de petits poils. L'article basilaire supportant les pédoncules oculaires dépasse à peine le bord antérieur de la carapace et il se termine en haut et en dedans par une sorte de forte écaille. Les antennes externes sont longues et leur flagellum porte sur chacun des articles qui le constituent des poils disposés un en dehors, un en haut, un en dedans. L'épine correspondant au palpe est très développée et donne insertion, sur tout le long de son bord supérieur et interne, à des poils nombreux, serrés et assez allongés. Le bras droit est développé; son carpe est de forme triangulaire, à base inférieure. Ses faces externe et interne sont assez fortement convexes; son bord supérieur est épais, presque arrondi. Cette dernière partie offre ainsi que la face externe du carpe quelques granulations peu accusées. La main est forte, son bord supérieur est très court, alors que son bord inférieur étendu est régulièrement convexe. Toute la surface externe de la main, ainsi que celle du carpe, est glabre. Sur la main, on aperçoit à l'œil nu un piqueté très fin. A la loupe on voit qu'il correspond à des séries de petites ponctuations dirigées régulièrement et linéairement d'avant en arrière. Le doigt mobile est garni de quelques denticulations obtuses sur le long de son bord inférieur ou interne, et l'on aperçoit entre elles des poils courts et raides. Le bord inférieur et supérieur de la main, ainsi que le bord supérieur du doigt mobile, sont mousses et glabres. Le carpe de la petite main présente un bord supérieur élargi offrant deux séries antéro-postérieures de tubercules supportant des poils. La petite main est de forme ovoïde, et toute sa surface supérieure, en même temps que celle du doigt mobile, est granuleuse. Les pattes ambulatoires sont longues et les bords supérieur et inférieur de leurs articles constitutifs présentent quelques poils insérés, tantôt isolément, tantôt par petits groupes de deux ou de trois. Le bord supérieur du troisième article de la première paire de pattes ambulatoires est épineux. Il n'existe pas de plaques sur l'abdomen. La longueur du mâle de cette espèce est de $0^{m},02$, mesurée du sommet de l'épine frontale à l'extrémité la plus reculée de l'abdomen. La largeur de la carapace est de $0^{m},005$.

### EUPAGURUS CAMPBELLI
(*Nov. spec.*)

J'ai recueilli cette espèce à l'île Campbell, dans la baie de Persévérance, par des fonds de 5 à 6 mètres. Elle m'a paru fort différente de toutes les formes recueillies jusqu'à ce jour dans les parages de la Nouvelle-Zélande. Elle est caractérisée par la forme de son bras qui est remarquablement fort. Le carpe de la main droite se renfle, s'élargit considérablement vers son extrémité antérieure. La main qu'il supporte est courte et massive. Les doigts sont très peu développés et munis de légères denticulations sur leurs bords. La face externe ou supérieure de la main est parcourue d'avant en arrière par une crête assez accusée, mais peu détachée. Le bord externe du carpe de la main gauche est droit à son origine, mais il ne tarde pas à se porter brusquement en dehors et à devenir fortement convexe. La main qu'il supporte est très réduite, de forme triangulaire, aiguë à son sommet.

Cette espèce m'a paru de taille assez réduite. Sa longueur ne dépasse pas 2 centimètres.

### EUPAGURUS TRAVERSI
(*Nov. spec.*)

J'ai trouvé cette espèce dans le détroit de Cook et sur la côte est de l'île Stewart. Le front s'avance beaucoup en avant et se termine sur la ligne médiane par un prolongement anguleux assez accusé. L'anneau ophthalmique est presque complètement caché sous le bord antérieur de la carapace. Les antennes externes sont longues, dégarnies de poils et alternativement colorées en blanc et en rouge. Le nombre des articles possédant cette dernière couleur est de beaucoup supérieur à celui des autres. L'épine correspondant au palpe est développée et revêtue de poils sur tout son bord interne. En dehors et en haut de l'article supportant les antennes, il existe une petite épine poilue à son sommet. Le bras droit est très fort. Le carpe, la main et les doigts sont revêtus de poils longs et nombreux. Au-dessous d'eux, on aperçoit, tant sur la face externe du carpe que sur celle de la main et des doigts, des tubercules nombreux, de forme conique, aigus à leurs sommets. Ces saillies constituent sur la main six séries linéaires à direction antéro-postérieure. Les bords supérieur et inférieur de la main sont également tuberculeux sur toute leur étendue. Le bord supérieur du carpe du bras gauche offre une double rangée d'épines alternant avec des paquets de poils. La petite main est granuleuse et garnie, comme celle du côté opposé, de poils longs et nombreux. Les pattes ambulatoires des deux premières paires sont allongées et très velues tant dans leur bord supérieur que dans leur bord inférieur. L'abdomen est dépourvu de plaques. Cette espèce se distingue de l'*Eupagurus Edwardsi* par sa taille beaucoup plus réduite, par la forme des granulations épineuses et non en bouton couvrant les mains ; par la saillie anguleuse de l'extrémité antérieure du front, par la position de l'anneau ophtalmique presque caché et non apparent. Ce dernier caractère sert également à la faire reconnaître de l'*Eupagurus Novæ Zelandiæ*, chez lequel, d'autre part, la main est nue, alors que les tubercules qui la couvrent sont mousses et disposés différemment. Les dimensions de l'*Eupagurus Traversi* sont :

| | |
|---|---|
| Longueur | 0m,025 |
| Largeur de la carapace | 0 ,005 |

## EUPAGURUS THOMPSONI
(*Nov. spec.*)

Cette espèce provient du détroit de Cook. Le bras droit est très fort. Son carpe est complètement épineux. La main présente sur sa face supérieure une crête garnie de denticulations mousses et serrées. Cette crête vient rejoindre antérieurement le bord externe ou inférieur de la main. Deux autres crêtes, moins détachées, mais garnies de tubercules plus fins et plus aigus, parcourent également la face supérieure de la main. Le bord interne de cette même partie est fortement épineux. Le bord interne du carpe de la petite main est très convexe, lamelleux et dentelé.

### PAGURUS SETOSUS

J'avais d'abord rapporté au *Pagurus pilosus* une espèce de Crustacé dont j'avais recueilli deux exemplaires dans le détroit de Cook. De nouvelles comparaisons m'ont montré que je m'étais trompé dans ce rapprochement et que la forme de Crustacé que j'avais trouvée était identique à un Pagure provenant également de Nouvelle-Zélande et figurant sous le nom de *Pagurus setosus* dans les collections du Muséum de Paris. La description de cette espèce n'a jamais été donnée.

Les antennes externes sont longues et couvertes sur leur bord externe de soies longues et fines. Les bords supérieur et externe des mains présentent une série continue de gros tubercules. Les pattes sont garnies sur leurs différents articles, aux bords antérieur et postérieur, de longues soies extrêmement délicates.

### IDOTEA STEWARTI
(*Nov. spec.*)

Antennes internes très courtes composées de quatre articles. L'article terminal est allongé, un peu élargi à sa partie moyenne. Il atteint par son sommet l'extrémité du deuxième article des antennes externes. Ces dernières comprennent cinq articles. Le bord inférieur des antennes externes est garni de poils nombreux et rudes. Les trois premières paires de pattes vont en augmentant de grandeur. Leurs troisième, quatrième et cinquième articles sont couverts à leur bord inférieur de poils nombreux. Les ongles sont longs, minces, recourbés et aigus. Le dernier segment est allongé et arrondi à son sommet. Habite la côte est de l'île Stewart.

### ONISCUS NOVÆ ZELANDIÆ
(*Nov. spec.*)

J'ai recueilli cette epèce, qui me paraît nouvelle, aux environs de Wellington. Elle est très facile à distinguer. Le corps est ovale, bombé; la tête courte et large. Les antennes externes sont peu développées et leurs premiers articles sont très épaissis ; ils sont, ainsi que ceux constituant le flagellum, granuleux et dépourvus de poils. Leurs quatrième et cinquième articles sont très développés. Le premier anneau du corps présente, chez certains sujets, de chaque côté, à ses extrémités, une saillie arrondie, globuleuse, couverte de très fines granulations. Cet anneau, ainsi que tous ceux du thorax, est orné d'une double rangée de ponctuations disposées transversalement. Les granulations de la rangée postérieure sont plus détachées et leur sommet un peu aigu est dirigé en arrière. Les anneaux de l'abdomen ne portent qu'une seule ligne de ponctuations placées sur leur bord postérieur. Les stylets caudaux sont cylindriques, de taille égale et dépouvus de soies à leurs sommets. Cette espèce, *que par les caractères de ses antennes* je placerai parmi les *Oniscus*, se différencie nettement de toutes celles signalées jusqu'ici en Nouvelle-Zélande. L'*Oniscus pubescens* a le corps pubescent, les antennes garnies de poils, les stylets caudaux inégaux et ses anneaux thoraciques ne présentent pas une double rangée de ponctuations. L'*Oniscus punctatus* a ses antennes velues, le cinquième article étant aussi grand que les trois derniers, ce qui n'existe pas sur l'*Oniscus* que je fais connaître. D'autre part, les stylets caudaux sont courts et leur branche externe est la plus longue; elle est garnie de deux ou trois soies à son sommet.. Enfin l'ornementation des anneaux est différente.

| | |
|---|---|
| Longueur .................... | $0^m$,012 |
| Largeur...................... | 0 ,005 |

ONISCUS COOKII
(*Nov. spec.*)

J'ai recueilli cette espèce sous les pierres sur la portion ouest de l'île du Milieu de la Nouvelle-Zélande. Elle ne mesure que $0^m$,008 de longueur et $0^m$,004 de largeur. Le corps est ovalaire et remarquablement bombé : la tête est large, les antennes externes sont très fines et leur cinquième article plus développé a la longueur du flagellum. Il n'existe pas de poils ni sur les articles basilaires des antennes externes, ni sur le flegellum. La base des articles composant les antennes est brune, alors que le sommet est blanc. Les anneaux du thorax sont assez développés d'avant en arrière. Ils sont couverts, en grande partie, de très fines granulations d'une teinte noir. Les granulations font défaut en divers points des anneaux, et là où elles manquent, on observe des surfaces un peu creusées, d'une teinte noisette. Ces surfaces, dénuées de granulations, et apparaissant en creux à cause des saillies que font les granulations qui les limitent, sont de forme très variable. Tantôt elles sont arrondies, tantôt elles se divisent et figurent de grossières arborisations. Sur les anneaux de l'abdomen on retrouve ces plaques, mais elles sont alors granuleuses, comme le reste des anneaux qui les présentent. Les stylets externes sont les plus développés et leur bord externe est garni ainsi que celui des stylets internes de soies très fines, courtes et très serrées.

### PHYLOSCIA NOVÆ ZELANDIÆ
(*Nov. spec.*)

Cette espèce, que je crois nouvelle, a le corps allongé, ovalaire, assez bombé dans la portion médiane. Les antennes externes sont couvertes sur leurs bords antérieur et postérieur et sur leur face externe de poils courts, très fins, très serrés et ayant dans leur forme, leur disposition, quelque chose qui rappelle de petites épines. Les segments du thorax sont granuleux sur presque toute leur étendue, et les granulations sont d'un brun noirâtre. Là où elles font défaut, la carapace est d'une teinte jaune clair. Les parties granuleuses sont disposées de telle manière qu'elles constituent tout le long du corps de l'animal trois sortes de bandes noirâtres : l'une médiane, les deux autres latérales. Les stylets caudaux externes sont un peu plus longs que les stylets caudaux internes, mais ils sont tous couverts de poils très fins sur toute leur surface. Il existe une ligne de ponctuations noires le long du bord externe des stylets externes.

| | |
|---|---|
| Longueur .................... | $0^m$,022 à $0^m$,026 |
| Largeur ..................... | 0 ,003 à 0 ,009 |

J'ai trouvé cette espèce aux environs de Wellington dans l'île du Nord, aux environs de Dunedin dans la province d'Otago, et enfin dans l'île Stewart.

### PHYLOSCIA VIOLACEA
(*Nov. spec.*)

J'ai recueilli cette espèce de petite taille (longueur : $0^m$,009; largeur : $0^m$,0035) dans la portion sud de l'île du Nord, aux environs de Wellington. Elle est remarquable par sa teinte d'un violet foncé. Les antennes externes courtes et grêles, repliées en arrière, atteignent la partie antérieure du troisième segment thoracique. Le pourtour des articles basilaires, ainsi que celui des trois articles constituant le flagellum, est garni de poils fins, courts et assez serrés. Les anneaux thoraciques et abdominaux sont couverts sur toute leur étendue de fines granulations. Le bord postérieur du premier, du deuxième et du troisième article thoracique s'accuse par un relief bien marqué, disposition qui perd de son importance et finit par disparaître complètement sur les segments suivants. Les stylets caudaux externes sont plus développés que les internes. Les uns et les autres sont dépourvus de poils. Cette espèce se différencie très nettement de la précédente par sa taille, par l'ornementation de ses antennes externes et de ses anneaux thoraciques, par l'absence de poils courts et fins sur les stylets caudaux.

### CÉRATOTHOA HUTTONI
(*Nov. spec.*)

Je dois la communication de l'échantillon que je décris, et que je crois se rapporter à une espèce nouvelle, à M. Hutton.

La tête est triangulaire, à base postérieure, à sommet antérieur arrivant au niveau du bord antérieur des antennes externes. Le premier anneau du thorax est profondément excavé pour recevoir la tête, et ses extrémités antérieures, aiguës à leur sommets, atteignent le niveau du bord antérieur des yeux qui sont noirs et très apparents. Les antennes internes sont courtes, arrivant reployées en arrière, seulement jusqu'au bord postérieur des yeux. Leurs articles basilaires sont larges et fortement aplatis ; les articles représentant le flagellum sont également comprimés de bas en haut et leurs bords antérieurs et postérieurs sont arrondis. Les antennes externes sont plus longues que les précédentes et elles atteignent le bord postérieur de la tête. Leurs articles présentent la même forme et la même disposition que ceux des antennes internes et, comme ces derniers, sont tous couverts sur leur face supérieure de fines ponctuations noirâtres. Les deux premiers anneaux thoraciques sont un peu carénés vers leur bord postérieur, et cette disposition va en s'effaçant graduellement à mesure que l'on observe un segment plus reculé du corps. Le bord postérieur du premier anneau thoracique est presque droit, mais celui du second est concave sur les parties latérales et se prolonge en arrière dans sa partie médiane sous la forme d'un angle arrondi. Cet angle est surtout très marqué sur le troisième segment, et son sommet est légèrement creusé sur le cinquième. Le bord postérieur du segment est régulièrement concave sur toute son étendue, et de sa partie médiane part un sillon linéaire s'avançant jusqu'à la moitié de l'anneau. Le bord postérieur du segment suivant est fortement concave et est dépourvu de sillon sur sa face supérieure. Les anneaux thoraciques, à l'exception de leurs parties antérieures de couleur jaune, sont couverts d'un fin piqueté brunâtre. Les portions latérales de chaque segment présentent des taches d'un jaune clair assez petites, et s'accusant presque sous la forme de virgules à sommet dirigé en arrière et en dedans. Ces taches couvrent des espaces triangulaires limités en bas par le bord libre du segment, en avant par son bord antérieur, en dedans et en arrière par une ligne s'étendant de l'angle postérieur du bord libre du segment à la portion médiane du bord antérieur. L'abdomen naît brusquement, son dernier anneau est très élargi. Les appendices caudaux sont égaux, assez allongés, et leur sommet aigu dépasse le bord postérieur du dernier segment, convexe sur les parties latérales et un peu creusé sur la ligne médiane. Les articles fémoraux des quatre dernières paires sont très élargis, comprimés latéralement et arrondis suivant leur bord postérieur. Cette espèce se différencie très nettement du Crustacé figuré par M. H. Milne-Edwards dans *le règne animal de Cuvier* sous le nom de *Cymothoa Banksii* par la forme générale de son corps, par la présence d'yeux très visibles, par la forme des antennes et de la tête. Elle se différencie du *Ceratothoa* dont M. Miers donne la description dans son *Catalogue des Crustacés de Nouvelle-Zélande* et qu'il rapporte avec doute au *Ceratothoa Banksii*, par ses yeux très visibles, tandis qu'ils le sont à peine dans cette dernière forme, par le développement antéro-postérieur des segments du corps. Ainsi, M. Miers dit que les trois premiers segments sont plus longs que les autres. Sur l'animal que je décris, le premier est le plus développé ; il mesure $0^m,005$ sur la ligne médiane. Le second l'est moins, $0^m,0035$ ; le troisième l'est plus que le second, $0^m,004$, et le quatrième l'emporte sur ces deux derniers de $0^m,0045$.

| | |
|---|---|
| Longueur totale.................................... | $0^m,0365$ |
| Largeur maximum (correspondant au cinquième anneau). | 0 ,019 |

CERATOTHOA NOVÆ ZELANDIÆ
(*Nov. spec.*)

Tête triangulaire profondément enchâssée dans le bord antérieur du premier segment du corps dont les extrémités s'étendent latéralement en avant des yeux. Antennes internes courtes atteignant la portion moyenne des yeux. Antennes externes un peu plus longues atteignant exactement le bord postérieur des yeux. Les articles basilaires des antennes sont arrondis et non comprimés comme dans les espèces précédentes. Les yeux sont noirs et très apparents. Le premier segment du corps est le plus développé dans le sens antéro-postérieur. Le deuxième, le troisième et le quatrième vont progressivement en augmentant. Le bord postérieur des quatre premiers segments est régulièrement convexe, sans angle sur la ligne médiane. Le bord postérieur du cinquième est droit, celui du sixième est légèrement concave, celui du septième fortement creusé dans sa partie médiane. Les cinq premiers anneaux de l'abdomen sont sensiblement égaux, le dernier est plus large que long et son bord postérieur est régulièrement convexe. Les appendices caudaux sont égaux, étroits, allongés et dépassent le bord postérieur du dernier segment abdominal. Le corps est lisse, d'une coloration brun jaunâtre, plus claire vers le bord postérieur des anneaux. Cette espèce se distingue des précédentes par la forme des antennes, par la forme et les dimensions des anneaux, par l'absence de ligne médiane longitudinale sur le dernier segment. Elle a été, comme la précédente, recueillie à Dunedin par le capitaine Hutton.

| | |
|---|---|
| Longueur.................................... | $0^m$,013 |
| Largeur maximum (correspondant au cinquième anneau thoracique)........................ | 0 ,006 |

LIRONECA STEWARTI
(*Nov. spec.*)

Corps ovalaire, élevé dans sa partie antérieure au niveau des troisième, quatrième et cinquième segments thoraciques, et assez renflé à ces niveaux. Tête petite, triangulaire, plus large que longue, à front anguleux, enchâssée assez profondément dans le bord antérieur du premier segment thoracique. Les angles antérieurs de ce dernier s'avancent jusqu'à la portion moyenne des yeux, qui sont composés, allongés dans le sens antéro-postérieur, noirs et très apparents. Les antennes internes courtes, à articles arrondis, arrivent jusqu'au niveau de leur bord postérieur; les antennes externes sont plus longues. Le premier anneau est très développé dans sa longueur. Il mesure 0m,003 d'avant en arrière, alors que les suivants n'ont que 0m,002. Les quatrième, cinquième, sixième et septième anneaux thoraciques présentent, partant de leur bord externe, un sillon profond. Cette disposition manque sur le premier anneau et est très peu accusée sur les deux suivants. Les segments abdominaux, à l'exception du dernier, sont sensiblement égaux entre eux, et l'avant-dernier est un tout petit peu plus large que le dernier. Celui-ci est régulièrement arrondi sur tout son bord postérieur et sur ses bords latéraux. La coloration du corps est d'une teinte noisette uniforme, et il n'existe ni ponctuations, ni ornements sur les anneaux.

| | |
|---|---|
| Longueur.................... | 0m,023 |
| Largeur..................... | 0m,014 |

J'ai recueilli cette espèce sur les côtes de l'île Stewart. Elle se différencie du *Lironeca Novæ Zelandiæ* par sa forme et surtout par la disproportion des anneaux thoraciques qui sont égaux entre eux dans l'espèce décrite par M. Miers.

### NEROCILA TRAILLI
(*Nov. spec.*)

J'ai rencontré cette espèce sur les côtes de l'île Stewart. Le corps est ovalaire, très allongé, légèrement bombé au niveau de la portion moyenne de la région thoracique. La tête est plus large que longue ; son bord antérieur est arrondi. Le premier segment du corps est creusé sur la ligne médiane pour le recevoir, et il est également creusé sur les parties latérales au niveau des yeux qui recouvrent ces dépressions. Les yeux sont grands et ovalaires. Les antennes ont la même longueur et s'insèrent immédiatement en arrière les unes des autres. Les antérieures ont des articles beaucoup plus forts que les postérieures. Le premier anneau thoracique est plus développé que les suivants. Les bords latéraux des trois premiers segments sont entiers, ceux des suivants présentent un sillon dirigé de dehors en dedans et d'avant en arrière. Les angles du dernier anneau thoracique sont très accusés et constituent presque une épine dirigée en arrière. Le dernier anneau abdominal est aussi long que large et son sommet est arrondi. Les appendices caudaux sont très allongés, dépassant de beaucoup le dernier segment abdominal. La branche interne est élargie, tronquée à son sommet; la branche externe, plus développée, est peu élargie et aiguë à son sommet. Les lames épimériennes sont très aiguës et dirigées en arrière. Cette espèce se distingue de la précédente par sa forme, son allongement étant très grand par rapport à sa longueur, par le développement plus considérable de l'abdomen, par la forme du dernier segment abdominal qui est beaucoup moins allongé, moins anguleux à son sommet sur le *Nerocila imbricata*. Enfin les appendices caudaux ont une branche interne en quelque sorte foliacée, transparente sur l'espèce que je décris, tandis qu'elle est épaisse sur le *Nerocila imbricata* en même temps que beaucoup moins prolongée.

| | |
|---|---|
| Longueur.................... | 0m,018 |
| Largeur...................... | 0 ,006 |

### ÆGA MAORUM
*(Nov. spec).*

J'ai rencontré cette espèce, qui m'a paru être différente de toutes celles qui ont été décrites jusqu'à présent, dans le détroit de Cook et sur les côtes de la province d'Otago. Le corps est très bombé dans la portion moyenne de la région thoracique. La tête est quadrangulaire et est reçue dans une excavation creusée dans la partie antérieure du premier segment thoracique. L'article supportant le flagellum est cylindrique et cilié sur son bord supérieur. L'article précédent présente sur son bord supérieur une sorte de petit prolongement triangulaire, s'appliquant sur le front. Le premier anneau thoracique est le plus grand; les suivants sont sub-égaux. Les lames épimériennes des quatre derniers anneaux thoraciques se terminent par une épine longue et aiguë. Les premiers segments sont à peu près égaux entre eux. L'avant-dernier, très peu développé transversalement, est compris dans la portion moyenne du bord postérieur de celui qui le précède. Le dernier est un peu plus large que long et acuminé à son sommet. Les appendices caudaux dépassent le sommet du dernier segment abdominal. L'externe est grêle, allongé, cilié sur son bord interne. L'interne est élargi à sa base, aigu à son sommet. Le bord interne est convexe, garni de longs cils; le bord externe ne l'est pas, mais il présente une encoche au niveau de son tiers inférieur.

| | |
|---|---|
| Longueur.................... | $0^m$,0130 |
| Largeur...................... | 0 ,0075 |

CIROLANA COOKII
(*Nov. spec.*)

Cette espèce, que j'ai recueillie dans le détroit de Cook (baie du Massacre), a la tête plus large que longue et modérément enchâssée dans le premier segment du corps. Les antennes internes, rabattues en arrière, arrivent jusqu'à la moitié du premier anneau, alors que le sommet des antennes externes arrive au bord postérieur du deuxième anneau. Les yeux, peu allongés, correspondent à l'angle antérieur du premier segment. Ce dernier, plus grand que tous ceux qui lui font suite, a son bord postérieur un peu soulevé, plus épaissi que ne l'est celui des anneaux suivants. La taille des segments thoraciques est à peu près la même pour tous. Les premiers anneaux de l'abdomen sont sub-égaux entre eux; l'avant-dernier est plus long que les prédédents, et le dernier a son bord postérieur presque droit et cilié. L'appendice caudal interne est large, mince, de forme ovalaire et cilié sur tout son pourtour. L'appendice externe est bien plus grêle, de même forme et cilié seulement sur son bord interne et à son sommet. Les quatre dernières paires de pattes sont très remarquables, par suite de la disposition des nombreux poils qui les garnissent. Leur premier article présente sur sa face interne deux sillons partant du bord postérieur et atteignant sa partie moyenne, où ils se perdent. Ces deux sillons donnent insertion à des poils. Le bord inférieur de l'article est revêtu de poils sur tout son pourtour, mais les poils deviennent plus longs au niveau du bord antérieur. Cette dernière disposition se retrouve sur le bord inférieur des deux articles suivants, mais ceux-ci ne possèdent qu'un sillon sur leur face interne au lieu de deux. Il est orné comme ceux de l'article coxal. Le doigt est long et offre deux tout petits sillons poilus sur sa partie postérieure. L'ongle est peu développé à son sommet noirâtre. L'ornementation des quatre dernières paires de pattes caractérise de la manière la plus nette cette espèce.

Longueur .................... 0m,020
Largeur ...................... 0 ,007

### CYMODOCEA BITUBERCULATA
(*Nov. spec.*)

Cette espèce, que j'ai recueillie dans le détroit de Cook et sur la côte est de l'île Stewart, se différencie du *Cymodocea granulata* par le lobe postéro-latéral du dernier segment thoracique qui ne se contourne pas en arrière pour se terminer par une courte épine dirigée en haut, par la présence de deux tubérosités, sur la portion médiane du dernier anneau abdominal, par la disposition des appendices caudaux qui ont la même grandeur.

### TALORCHESTIA COOKII.
(*Nov. spec.*)

*Mâle.* — Antennes internes atteignant le sommet du pénultième article des antennes externes. Antennes externes très courtes, mesurant seulement 0m, 004 de longueur. Le flagellum a sensiblement la même étendue que le pédoncule qui le supporte. Yeux ronds et assez grands. Première paire de gnathopodes terminée par une petite main subcheliforme dont le doigt est très aigu. La main est beaucoup plus courte que l'article qui la soutient; elle est garnie, comme ce dernier, de poils fins et serrés sur ses bords antérieur et postérieur. La deuxième paire de gnathopodes porte une main très forte, ayant la forme d'un triangle à base supérieure, à sommet inférieur. Le bord supérieur est légèrement convexe; le bord antérieur est creusé en arrière de l'articulation du doigt et fortement convexe dans tout le reste de son étendue; le bord postérieur est arrondi. Le doigt mobile est convexe par son bord antérieur dans sa premièré partie, concave dans sa portion moyenne, convexe dans le restant de son étendue. La deuxième paire de péreiopodes est plus courte que celle qui l'a précédée. La troisième est la plus forte. La quatrième présente un caractère spécifique très important. Son avant-dernier article se renfle au niveau de la partie moyenne et inférieure de son bord postérieur. Cette saillie se termine par un bord droit garni de poils. La cinquième paire de pattes est normale et plus développée que celle qui la précède.

La longueur des échantillons que j'ai recueillis sur les bords du détroit de Cook, dans la baie du Massacre, et sur la côte ouest de l'île du Milieu, à Hokarita, est de $0^m,017$, évalué de la portion antérieure du front au sommet de l'abdomen.

### TALORCHESTIA ARMATA
*(Nov. spec.)*

Antennes internes atteignant l'extrémité du pénultième article des antennes externes. Ces dernières ont une longueur supérieure à celle du corps ($0^m,012$ d'une part et $0^m,020$ de l'autre). La main qui termine la première paire de gnathopodes porte un petit ongle très fin et recourbé. L'article qui la précède est d'un tiers plus grand qu'elle, et son bord inférieur est garni de poils fins et serrés. La main terminant la deuxième paire de gnathopodes est très développée; elle est de forme ovoïde, à grosse extrémité postérieure. Elle est beaucoup plus allongée que dans le *Thalorchestia Quoyana* et moins haute. Son bord inférieur porte deux dents dont la postérieure est la plus allongée, la plus aiguë. Dans le *Thalorchestia Quoyana*, la partie du bord inférieur portant les dents fait un angle presque droit avec celle qui lui fait suite. Dans la forme que je décris, il n'en est pas ainsi, le bord inférieur étant très régulièrement et très légèrement convexe dans toute son étendue. Les trois premières paires de péreiopodes vont en augmentant de taille d'avant en arrière. Les deux dernières paires sont très allongées, la dernière étant un peu plus longue que celle qui la précède. Toutes les paires de péreiopodes sont garnies de poils sur leurs bords antérieurs et postérieurs, disposition qui n'existe pas sur le *Thalorchestia Quoyana*.

Longueur du mâle mesurée du sommet du front à l'extrémité de l'abdomen : $0^{m},020$.

Les échantillons que j'ai rapportés proviennent de l'île Stewart et du détroit de Cook.

### ORCHESTIA DENTATA.
(*Nov. spec.*)

J'ai recueilli un seul exemplaire de cette espèce, que je crois nouvelle, sur les côtes de l'île de Kapiti. Les antennes internes atteignent le sommet de l'avant-dernier article des antennes externes, qui mesurent $0^{m},007$ et qui ont un peu plus de la longueur de la moitié du corps. L'avant-dernier article des antennes externes est renflé dans sa portion moyenne. La longueur du flagellum est seulement de $0^{m},003$.

La main terminant la première paire de gnathopodes est plus réduite que l'article qui la supporte. Ce dernier est élargi à son extrémité inférieure et comprimé par ses faces latérales. La dernière paire de gnathopodes offre une main très forte, en quelque sorte globuleuse. Il existe deux petites dents sur son bord inférieur, l'une assez forte à sa partie moyenne, l'autre très réduite près du point où vient s'appliquer le sommet du doigt mobile. Ce dernier porte à son bord inférieur une dent assez forte qui vient se placer, lorsque le doigt est replié, immédiatement en arrière de la dent que j'ai dit exister au niveau de la portion moyenne du bord inférieur de la main. Les trois premières paires de péreiopodes vont en augmentant de grandeur. La cinquième paire est un peu plus longue que la quatrième.

La longueur du corps, mesurée du sommet du front à l'extrémité de l'abdomen, est de $0^m,013$.

### ORCHESTIA ORNATA
*(Nov. spec.)*

Antennes internes atteignant par leur sommet la moitié du pénultième article des antennes externes. Antennes externes ayant à peu près la moitié de la longueur du corps. Leur pédoncule mesure $0^m,007$ de longueur, leur flagellum ayant $0^m,005$ d'étendue. Yeux grands et ronds. La première paire de gnathopodes a son article terminal moins long que celui qui le précède. Ce dernier, arrondi, porte un tubercule au niveau de la partie antérieure de son bord inférieur. La deuxième paire de gnathopodes se termine par une large main dont le bord, sur lequel vient s'appliquer le doigt, est muni de deux petites dents. La quatrième et la cinquième paire de péreiopodes sont les plus développées. Le sommet de la quatrième atteint la base de l'article terminal de la cinquième. Cette espèce, par les divers caractères que je viens d'indiquer, se rapprocherait assez du *Thalorchestia Quoyana;* mais ce qui, en dehors de la disposition des tubercules garnissant la main, doit servir à la faire distinguer, consiste dans l'ornementation des cinq premiers anneaux du corps. Chaque anneau est circonscrit par un *rebord saillant continu.* Cette disposition est moins marquée sur le cinquième anneau, alors que sur le premier on voit une crête mousse, bien détachée, se porter tranversalement d'un bord à l'autre de l'anneau. On ne retrouve pas cette particularité sur les anneaux suivants.

La longueur du corps de l'animal, mesuré du front à l'extrémité postérieure de l'abdomen, est de $0^m,027$.

Je ne connais que le mâle de cette espèce, que j'ai pris dans le sable, sur les bords de la baie du Massacre.

### ALLORCHESTES STEWARTI
(*Nov. spec.*)

Antennes internes atteignant le sommet du pédoncule des antennes externes. Ces dernières mesurent $0^m,005$. La première paire de gnathopodes se termine par une main plus longue que l'article qui la porte. La dernière paire de gnathopodes offre une main très forte ayant la forme d'un ovoïde à grosse extrémité postérieure, à extrémité antérieure très allongée. Cette main, très convexe suivant ses deux faces, porte un doigt fin, aigu. Le bord inférieur de la main, opposé au doigt, est lisse sur sa face externe; il est, au contraire, garni de poils fins et serrés, en brosse, sur sa face interne. Le corps est très réduit. Les péreiopodes vont régulièrement en croissant de grandeur d'avant en arrière. Les bords antérieur et postérieur de leurs trois derniers articles sont garnis de paquets de poils.

La longueur du seul exemplaire (mâle) que j'ai recueilli sur les côtes de l'île Stewart est de $0^m,017$, mesurée du sommet du front à l'extrémité de l'abdomen.

### ALLORCHESTES CAMPBELLICA
(*Nov. spec.*)

Yeux petits et ronds. Antennes internes atteignant par leur sommet la base du flagellum des antennes externes. Ces dernières ont un peu plus de la longueur du corps. L'article terminal du premier gnathopode égale en longueur celui qui le précède. Le second gnathopode porte une main assez forte, de forme ovalaire, un peu comprimée par ses faces latérales. Le doigt est crochu, et la portion de la main sur laquelle il s'applique présente, vu par la face interne, une série de très petites denticulations. Il n'existe pas, en arrière de la main, d'épine comme sur l'*Allorchestes Novæ Zelandiæ*. Les trois dernières paires de péreiopodes portent, au sommet de leurs articles, des poils très fins. Le bord postérieur du troisième article (en comptant à partir de l'extrémité inférieure de la patte) est dentelé.

Longueur du corps mesuré du sommet du front à l'extrémité postérieure de l'abdomen : $0^{m},008$.

Cette espèce vit, à l'île Campbell, sur le bord de la baie de Persévérance.

# LISTE
# DES
# ESPÈCES DE CRUSTACÉS VIVANT EN NOUVELLE-ZÉLANDE

## BRACHYURES

*Huenia bifurcata*, Streets.
*Halimus rubiginosus*, Kirk.
*Trichoplatus Huttoni*, A. M.-Edw.
*Parimathrax Peronii*, H. M.-Edw.
— *Gaymardi*, H. M.-Edw.
— *minor*, Filh.
— *cristatus*, Filh.
*Leptomithrax australis*, Miers.
— *longimanus*, Miers.
*Acantophrys Filholi*, A. M.-Edw.
*Hyasthenus diacanthus*, White.
*Paramicippa spinosa*, Miers.
*Lambrus nodosus*, Jacq. et Luc.
*Eurynolambrus australis*, H. M.-Edw.
— *australis* var. *Stewarti*, Filh.
*Cancer Novæ Zelandiæ*, A. M.-Edw.
*Megametope rotundifrons*, A. M.-Edw.
*Heterozius rotundifrons*, A. M.-Edw.
*Actæa granulata*, A. M.-Edw.
*Leptodius nudipes*, A. M.-Edw.
— *eudorus*, Miers.
*Daira perlata*, Heller.
*Pilumnus vespertilio*, H. M.-Edw.
— *tomentosus*, Latr.
— *Novæ Zelandiæ*, Filh.
— *spinosus*, Filh.

*Pilumnopeus serratifrons*, Miers.
*Ozius truncatus*, H. M.-Edw.
*Xantho spinotuberculatus*, Lock.
*Panopeus otagoensis*, Filh.
*Eudora tetraodon*, Heller.
*Rupellioides convexus*, A. M.-Edw.
*Portunus pusillus*, Leach.
*Neptunus Sayi*, A. M.-Edw.
— *pelagicus*, de Haan.
— *sanguinolentus*, Herbst.
*Scylla serrata*, Forsk.
*Thalamita sima*, H. M.-Edw.
— *Danæ*, Stimpson.
*Nectocarcinus integrifrons*, Latr.
— *antarcticus*, Jacq. et Luc.
*Platyonichus bipustulatus*, H. M.-Edw.
— *ocellatus*, Herbst.
*Ommatocarcinus Huttoni*, Filh.
*Hemiplax hirtipes*, Heller.
*Helæcius cordiformis*, Dana.
*Grapsus pictus*, Latr.
*Leptograpsus variegatus*, A. M.-Edw.
*Heterograpsus sexdentatus*, A. M.-Edw.
— *crenulatus*, A. M.-Edw.
— *sanguineus*, A. M.-Edw.
— *maculatus*, A. M.-Edw.
*Planes minutus*, Lin.
*Varuna literata*, H. M.-Edw.
*Cyclograpsus Lavauxi*, H. M.-Edw.
— *Whitei*, H. M.-Edw.
*Chasmagnathus subquadratus*, Dana.
— *lævis*, Dana.
*Helice crassa*, Dana.
— *Lucasi*, H. M.-Edw.
*Sesarma pentagona*, W. Hutton.
*Plagusia Chabrus*, Miers.
*Leiolophus planissimus*, Miers.
*Pinnotheres pisum*, Latr.
— *latipes*, Jacq. et Luc.
— *Novæ Zelandiæ*, Filh.
*Halicarcinus planatus*, White.
— *tridentatus*, Jacq. et Luc.
— *Huttoni*, Filh.
*Hymenicus varius*, Dana.
— *pubescens*, Dana.
— *marmoratus*, Chilt.
— *Edwardsii*, Filh.
— *Cookii*, Filh.
— *Haasti*, Filh.
— *depressus*, Miers.
*Elamena Quoyi*, H. M.-Edw.
— *Whitei*, Miers.

*Elamena longirostris*, Filh.
— *producta*, T.-W. Kirk.
— *Kirki*, Filh.
*Hymenosoma lacustris*, Chilton.
*Cardissoma hirtipes*, Dana.
*Gelassimus Thompsoni*, Kirk.
— *Huttoni*, Filh.
*Calappa hepatica*, Fab.
*Philyxia lævis*, Bell.
— *Cheesmani*, Filh.
*Ebalia tumefacta*, Mont.

## ANOMOURES

*Cryptodromia lateralis*, Stimp.
*Remipes marmoratus*, Jacq. et Luc.
*Porcellana rupicola*, Stimp.
*Petrolisthes elongatus*, Miers.
— *Novæ Zelandiæ*, Filh.
— *Stewarti*, Filh.
*Petrocheles spinosus*, Miers.
*Porcellanopagurus Edwards*, Filh.
*Eupagurus cristatus*, Miers.
— *Novæ Zelandiæ*, Miers.
— *spinulimanus*, Miers.
— *Edwardsi*, Filh.
— *Thompsoni*, Filh.
— *Cookii*, Filh.
— *Stewarti*, Filh.
— *Hectori*, Filh.
— *Traversi*, Filh.
— *Kirki*, Filh.
*Aniculus typicus*, Dana.
*Pagurus pilosus*, H. M.-Edw.
— *imbricatus*, H. M.-Edw.
— *setosus*, Filh.
*Clibanarius cruentatus*, H. Miers.
— *barbatus*, Heller.
*Munida subrugosa*, Miers.
*Grimothea Novæ Zelandiæ*, Filh.

## MACROURES

*Gebia hirtifrons*, Dana.
*Callianassa* .....(?), Kirk.
— *Filholi*, A.-M. Edw.
*Paranephrops setosus*, Hutt.
— *Zelandicus*, Miers.
*Palinurus Edwardsi*, Hutt.
— *Lalandii*, H. M.-Edw.
— *tumidus*, Kirk.
*Crangon australis*, Hutt.

*Rhynchocinetes typus*, H. M.-Edw.
*Carinida curvirostris*, Heller.
*Atya pilipes*, Newport.
*Hippolyte spinifrons*, H. M.-Edw.
*Virbius bifidirostris*, Miers.
*Alpheus socialis*, Heller.
— *Novæ Zelandiæ*, Miers.
*Betæus æquimanus*, Miers.
*Alope palpalis*, White.
*Leander fluviatilis*, J.-M. Thomps.
— *affinis*, H. M.-Edw.
— *Quoyanus*, H.-M. Edw.
— *natator*, Miers.
*Palæmon ornatus*, Olivier.

STOMAPODES

*Mysis Meinertzhageini*, Kirk.
— *denticulatus*, J.-M. Thomp.
*Squilla nepa*, Latr.
— *indefensa*, Kirk.
— *armata*, H. M.-Edw.
*Gonodactylus trispinosus*, Dana.

ISOPODES

*Idotea festiva*, Chilt.
— *argentea*, Dana.
— *affinis*, H. M.-Edw.
— *Stewarti*, Filh.
— *nitida*, Heller.
— *elongata*, Miers.
— *lacustris*, J.-M. Thomp.
— *marina*, Miers.
*Edotia dilatata*, J.-M. Thomp.
*Arcturus tuberculatus*, J.-M. Thomp.
*Anthura? flagellata*, Ch. Chilt.
— *affinis*, Ch. Chilt.
*Paranthura costana*, Bat. et West.
*Tanais Novæ Zelandiæ*, J.-M. Thomp.
*Paratanais tenuis*, J.-M. Thomp.
*Apseudes latus*, Ch. Chilt.
— *timaruvia*, Ch. Chilt.
*Limnoria segnis*, Ch. Chilt.
*Scutoloidea maculata*, Ch. Chilt.
*Plakartrium typicum*, Ch. Chilt.
*Philongria rosea*, Koch,
*Armadillo speciosus*, Dana.
— *inconspicuus*, Miers.
*Cubaris rugulosus*, Miers.
*Spherillo monolinus*, Dana.
— *spinosus*, Dana.

*Spherillo Danæ*, Heller.
*Oniscus pubescens*, Dana.
— *punctatus*, J.-M. Thomp.
— *Novæ Zelandiæ*, Filh.
— *Cookii*, Filh.
*Actæcia euchroa*, Dana.
*Porcellio graniger*, Miers.
— *zelandicus*, Miers.
*Scyphax ornatus*, Dana.
— *intermedius*, Miers.
*Ligia Novæ Zelandiæ*, Dana.
— *quadrata*, Hutton.
*Phyloscia Novæ Zelandiæ*, Filh.
— *violacea*, Filh.
*Ceratothoa Banksii*, Leach.
— *trigonocephala*, H. M.-Edw.
— *Huttoni*, Filh.
— *lineata*, Miers.
*Lironeca Novæ Zelandiæ*, Miers.
— *Stewarti*, Filh.
*Nerocila imbricata*, Miers.
— *Trailli*, Filh.
*Æga Maorum*, Filh.
— *Novæ Zelandiæ*, Dana.
*Pseudæga punctata*, Thomp.
*Cirolana Rossii*, Miers.
— *Cookii*, Filh.
— *hirtipes*, H. M.-Edw.
*Sphæroma gigas*, Leach.
— *verrucauda*, Dana.
— *obtusa*, Dana.
*Isocladus armatus*, Miers.
— *spiniger*, Miers.
*Amphoroidea falcifer*, Hutt.
*Cymodocea granulata*, Miers.
— *convexa*, Miers.
— *bituberculata*, Filh.
— *cordiforaminalis*, Chilt.
*Jaera Novæ Zelandiæ*, Chilt.
*Dynamena Huttoni*, Thomp.
*Janira longicauda*, Thomp.
*Nesea caniculata*, Thomp.

## ISOPODES SOUTERRAINS

*Curregens fontanus*, Chilt.
*Phreatoicus typicus*, Chilt.

## ANISOPODES

*Serolis paradoxa*, And. et H. M.-Edw.

## AMPHIPODES

*Talitrus brevicornis*, H. M.-Edw.
*Talorchestia armata*, Filh.
— *Cookii*, Filh.
— *Quoyana*, H. M.-Edw.
*Orchestia dentata*, Filh.
— *Aucklandiæ*, Sp. Bate.
— *Novæ Zelandiæ*, Sp. Bate.
— *ornata*, Filh.
• — *serrulata*, Dana.
— *chilensis*, H. M.-Edw.
*Orchestria telluris*, Sp. Bate.
*Allorchestes Stewarti*, Filh.
— *Novæ Zelandiæ*, Dana.
— *recens*, Thomp.
— *brevicornis*, Dana.
*Nicea egregia*, Chilton.
— *Novæ Zelandiæ*, Thomp.
— *fimbriata*, Thomp.
— *rubra*, Thomp.
*Montaguana Miersii*, Hasw.
*Cyproidea crassa*, Chilt.
*Pleustes panoplus*, Kroy.
*Lysiniasa Kroyeri*, Sp. Bate.
*Anonyx corpulentus*, Thomp.
— *exiguus*, Thomp.
*Phoxus Batei*, W.-A. Haswel.
*Policheria obtusa*, Thomp.
*Panoplæa translucens*, Chilt.
— *spinosa*, Thomp.
— *debilis*, Thomp.
*Ædicerus Novæ Zelandiæ*, Kroy.
*Theraticum typicum*, Chilt.
*Paranænia tipica*, Chilt.
— *dentifera*, Chilt.
— *longimanus*, Chilt.
*Amphylochus squamosus*, Thomp.
*Dexamine pacifica*, Thomp.
*Atylus Dania*, Thomp.
*Pherusa Novæ Zelandiæ*, Thomp.
*Calliope didactyla*, Thomp.
— *fluviatilis*, Thomp.
*Amphitonotus lævis*, Thomp.
*Leucothoe Trailli*, Thomp.
*Eusirus cuspidatus*, Kroy.
*Aora typica*, Kroy.
*Microdentopus maculatus*, Thomp.
*Melita tenuicornis*, Dana.
*Moera spinosa*, Hasw.
— *incerta*, Chilton.

*Moera quadrimanus*,
— *Petriei*, Thomp.
*Gammarus barbimanus*, Thomp.
*Megamœra fasciculata*, Thomp.
*Harmonia crassipes*, Hasw.
*Cyrtophium cristatum*, Thomp.
*Corophium Lendenfeldi*, Thomp.
— *contractum*, Stimpson.
— *excavatum*, Thomp.
*Podocerus frequens*, Chilt.
— *longimanus*, Chilt.
— *cylindricus*, Kirk.
— *latipes*.
*Phronima Novæ Zelandiæ*, Powel.
*Themisto antartica*, Dana.
*Platyscelus intermedius*, Thomp.
*Oxycephalus Edwardsii*, Thomp.
*Iphigenia typica*, Thomp.
*Stenctrium fractum*, Hasw.
*Caprella caudata*, Thomp.
— *Novæ Zelandiæ*, Kirk.
— *lobata*, Guérin.
*Cyamus ceti*, Lam.
*Caprellina Novæ Zelandiæ*, Thomp.

AMPHIPODES SOUTERRAINS

*Crangonyx compactus*, Chilt.
— *subterranea*, Chilt.
*Gammarus fragilis*, Chilt.

OSTRACODES

*Cypris Novæ Zelandiæ*, Bair.
— *ciliata*, Thomp.
— *viridis*, Thomp.
— *littoralis*, Thomp.
*Cythere atra*, Thomp.
— *truncata*, Thomp.
*Loxoconcha punctata*, Thomp.
*Cypridina zelandica*, Bair.
*Philomeles agilis*, Thomp.

COPEPODES

*Boeckia triarticulata*, Thomp.
*Thorellia brunea*, Boeck.
*Cyclops gigas*, Claus.
— *serrulatus*, Fisch.
— *Novæ Zelandiæ*, Thomp.
— *Chiltoni*, Thomp.
— *æquoreus*, Fisch.

*Amymome Clausii*, Thomp.
*Diarthrodes Novæ Zelandiæ*, Thomp.
*Merope lamata*, Thomp.
*Laophonte australasica*, Thomp.
*Dactylopus tisboides*, Claus.
*Xouthous Novæ Zelandiæ*, Thomp.
*Thalestris forficula*, Thomp.
*Harpacticus Bairdii*, Thomp.
— *chelifer*, Mull.
*Zaus contractus*, Thomp.
*Porcellidium fulvum*, Thomp.
— *interruptum*, Thomp.
*Idia furcata*, Baird.
*Scutellidium tisboides*, Claus.
*Conostoma elliptica*, Thomp.
*Artotrogus Boecki*, Brady.
— *ovatus*, Thomp.

CLADOCÈRES

*Acantiophorus scutatus*, Brand. et Robert.
*Daphnia obtusata*, Thomp.
*Chydorus minutus*, Thomp.
*Nebalia longicornis*, Thomp.

PHILLOPODES

*Lepidurus compressus*, Thomp.
— *Kirki*, Thomp.

PYCHNOGONIDES

*Nymphon compactum*, Hock.
— *longicauxa*, Hock.
*Ammothea Dohrni*, Thomp.
— *magnicipes*, Thomp.
*Oorhynchus Aucklandiæ*, Hock.
*Pallene Novæ Zelandiæ*, Thomp.
*Phoxichilidium obliquum*, Thomp.

CIRRIPÈDES

*Lepas Hillii*, Leach.
— *pectinata*, Speng.
— *australis*, Darw.
— *elongata*, Quoy. et Gaym.
*Alepas tubulosa*, Quoy. et Gaym.
*Pollicipes sertus*, Darw.
— *spinosus*, Quoy. et Gaym.
— *Darwini*, Hutt.
*Balanus decorus*, Darw.
— *amphitrite*, Darw.

*Balanus porcatus*, Dacosta.
— *vestitus*, Darw.
*Tetraclita purpurescens*, Wood.
*Elminius modestus*, Darw.
— *sinuatus*, Hutt.
— *plicatus*, Gaym.
— *rugosus*, Hutt.
*Coronula diadema*, Lam.
*Chæmæsipho columna*, Speng.

La faune des crustacés néo-zélandais est complexe dans ses rapports. Elle renferme d'abord un grand nombre d'espèces particulières; puis dans ses portions sud on rencontre des représentants de la faune carcinologique antarctique; enfin plusieurs espèces s'étendent à l'Australie, à la mer des Indes, à l'Amérique du Sud et du Nord, à l'Afrique et même à l'Europe.

Les constatations les plus importantes relatives à la répartition des Brachyures sont les suivantes :

| | | | |
|---|---|---|---|
| Espèces propres à la Nouvelle-Zélande | | | 43 |
| — | — | et à l'Australie | 17 |
| — | — | à l'Australie et à l'Amérique du Sud | 1 |
| — | — | à l'Australie et à l'Amérique du Nord | 1 |
| — | — | et à l'Océanie | 1 |
| — | — | à l'Amérique du Sud, à l'Australie et à l'Océanie | 1 |
| — | — | à l'Australie, à l'Amérique du Sud et à l'Afrique | 0 |
| — | — | et à l'Asie | 2 |
| — | — | à l'Australie et à l'Asie | 3 |
| — | — | aux Amériques du Nord et du Sud et à l'Asie | 1 |
| — | — | à l'Afrique, à l'Océanie et à l'Asie | 2 |
| — | — | à l'Australie, à l'Afrique et à l'Asie | 2 |
| — | — | à l'Australie, à l'Afrique, à l'Océanie et à l'Asie | 3 |
| — | — | à l'Amérique du Sud, à l'Océanie et à l'Asie | 0 |
| — | — | aux Amériques du Nord et du Sud, à l'Afrique, à l'Océanie et à l'Asie | 1 |
| — | — | aux Amériques du Nord et du Sud et à l'Asie | 1 |

Espèces propres à la Nouvelle-Zélande, à l'Australie, aux Amériques du Nord et du Sud, à l'Océanie et à l'Asie.................. 1
— — et à l'Europe.................. 2
— — à l'Océanie et à l'Europe....... 1
— — à l'Australie, aux Amériques du Nord et du Sud, à l'Afrique, à l'Océanie, à l'Asie et à l'Europe...................... 1

Comme on le voit par ce résumé, les affinités les plus grandes de la faune des Brachyures néo-zélandais est avec l'Australie ; car si on relève sur la liste précédente les espèces néo-zélandaises non seulement propres à l'Australie et à la Nouvelle-Zélande, mais reportées dans ces deux localités et dans d'autres points du globe, on trouve le nombre de trente-six; huit espèces se retrouvent seulement dans l'Amérique du Sud, cinq dans l'Amérique du Nord.

Les affinités avec l'Afrique sont très faibles ; on rencontre une espèce à Madagascar, une à Mozambique, une au Sénégal, trois dans la mer Rouge. Au contraire les relations avec l'Océanie et l'Asie sont très importantes. On trouve en Océanie quinze espèces néo-zélandaises et seize autres s'étendent à l'Asie. Les relations avec la portion orientale de l'Asie, avec les Philippines, le Japon, doivent être prises en sérieuse considération au point de vue de l'extension ancienne du continent antarctique vers le nord. Quatre espèces de Brachyures vivent à la fois en Nouvelle-Zélande et en Europe. Ce fait de communauté d'espèces entre l'Europe et la Nouvelle-Zélande n'a pas lieu de nous surprendre, en présence du nombre considérable de genres communs à ces deux régions pourtant si éloignées l'une de l'autre. Dana et d'autres auteurs ont appelé l'attention sur ce fait, que je me bornerai à rappeler.

Sur vingt-six espèces d'Anomoures vivant en Nouvelle-Zélande dont huit sont particulières à cette région, quatre sont communes avec l'Australie ; une seule espèce se retrouve dans l'Amérique du Sud; pas une ne s'observe dans l'Amérique du Nord; on en retrouve une en Afrique et une en Asie.

Le peu d'extension de la faune des Anomoures, en présence de la grande extension vers l'Océanie et l'Asie de la faune des Braychures, est remarquable.

Sur vingt-trois espèces d'Anomoures signalées en Nouvelle-Zélande treize sont propres à cette terre. On en retrouve sept en Australie, dans l'Amérique du Sud, aucune dans l'Amérique du Nord, deux au cap de Bonne-Espérance, deux dans l'océan Indien, une à l'île Maurice, deux en Océanie, une seulement en Asie et aucune en Europe. Nous observons, par conséquent, pour les Macroures un fait semblable à celui noté relativement aux Anomoures. Les affinités de la faune néo-zélandaise sont donc pour le groupe qui nous occupe surtout avec l'Australie, tandis qu'on ne voit qu'une seule espèce s'étendre à l'Asie. Une seule forme est propre à l'Océanie et à la Nouvelle-Zélande et une seule forme également vit en Nouvelle-Zélande, en Australie et dans l'Amérique du Sud.

Sur six espèces de Stomapodes quatre caractérisent la faune néo-zélandaise; une s'étend à l'Australie et à l'Océanie, et la dernière possède une large distribution géographique, car elle s'étend à l'Australie, à l'Amérique du Sud et à l'Asie.

Les Isopodes sont très nombreux (69 espèces). Cinquante-six sont particuliers à la Nouvelle-Zélande; trois vivent seulement en Australie et en Nouvelle-Zélande; deux dans ces deux régions et en Asie; une en Nouvelle-Zélande et au cap de Bonne-Espérance. On n'a pas trouvé d'espèces néo-zélandaises en Océanie, et on n'en a signalé qu'une en Europe.

L'unique espèce d'Anisopodes mentionnée vit également aux Malouines.

Soixante-seize espèces d'Amphipodes ont été signalées en Nouvelle-Zélande. Soixante-trois paraissent propres à cette région; six seulement vivent en Nouvelle-Zélande et en Australie, trois en Nouvelle-Zélande et dans l'Amérique du Sud, une en Nouvelle-Zélande et dans l'Amérique du Nord.

On ne retrouve aucun isopode néo-zélandais en Afrique. Une seule espèce est commune à l'Océanie et à la Nouvelle-Zélande. Il en est de même pour la Nouvelle-Zélande et l'Asie. Deux espèces de Caprelles vivent en Europe.

Tous les Ostracodes paraissent particuliers à la Nouvelle-Zélande. Six espèces de Copépodes se retrouvent en Europe. On doit se demander si certains de ces animaux n'ont pas été introduits. Quelques-uns paraissent bien faire partie de la faune de la Nouvelle-Zélande, car on les a recueillis en des points où les Européens ne se sont pas encore établis.

Tous les Phyllopodes, les Cladocères et les Pychnogonides caractérisent la faune néo-zélandaise.

Dix espèces de Cirrhipèdes sont particulières à la Nouvelle-Zélande. Quatre espèces se trouvent en Océanie; une au cap Horn, en Océanie et en Europe; deux en Australie, en Océanie, en Asie et en Europe; une en Australie, dans l'Amérique du Nord et en Europe.

En résumant ces divers faits, on voit que la faune des Crustacés vivant en Nouvelle-Zélande est constituée par un très grand nombre d'espèces lui étant particulières; d'autre part elle renferme quelques éléments de la faune antarctique, que nous voyons exister dans l'Amérique du Sud, aux îles Auckland et Campbell. Les affinités avec l'Australie sont les plus importantes. Pour les Brachyures, un grand nombre d'espèces se retrouvent en Océanie et dans l'Asie orientale. On ne constate pas le même fait pour les autres groupes de crustacés. Les relations avec l'Afrique sont presque nulles.

Pour ce qui concerne les Crustacés terrestres, toutes les espèces, à l'exception du *Porcellio graniger*, sont propres à la Nouvelle-Zélande.

# TABLE DES MATIÈRES

## DU TOME XXX



4118-85. — CORBEIL. Typ. et stér. CRÉTÉ.

www.ingramcontent.com/pod-product-compliance
Ingram Content Group UK Ltd.
Pitfield, Milton Keynes, MK11 3LW, UK
UKHW020413230726
13925UKWH00004B/1408

9 782013 619400